PEACE OF MIND

不一样的人生

【美】约书亚·罗斯·李普曼◎著
阮崇晓◎译

九州出版社
JIUZHOUPRESS

图书在版编目（CIP）数据

不一样的人生/(美) 李普曼(Liebman,J.L.)著；阮崇晓译.—北京：
九州出版社，2010.3
书名原文：Peace Of Mind
ISBN 978-7-5108-0370-3

Ⅰ.①不… Ⅱ.①李…②阮… Ⅲ.①人生哲学－通俗读物 Ⅳ.①B821—49

中国版本图书馆CIP数据核字（2010）第038201号

不一样的人生

作　　者	（美）约书亚·罗斯·李普曼 著　阮崇晓 译
出版发行	九州出版社
出 版 人	徐尚定
地　　址	北京市西城区阜外大街甲35号(100037)
发行电话	(010)68992190/2/3/5/6
网　　址	www.jiuzhoupress.com
电子信箱	jiuzhou@jiuzhoupress.com
印　　刷	三河市君旺印装厂
开　　本	787毫米×1092毫米　16开
印　　张	14
字　　数	150千字
版　　次	2010年3月第1版
印　　次	2010年3月第1 次印刷
书　　号	ISBN 978-7-5108-0370-3
定　　价	28.00元

序一 一部发人深省的心灵书

《不一样的人生》是自《纽约时报》推出全美畅销图书排行榜以来，荣登榜首时间最长的作品之一。这部作品驻留畅销图书第一名的时间长达58周，而排在前五名的时间也长达三年之久！一部探讨心灵志趣、精神修养和人生问题的严肃作品，能够在美国各地如此畅销，能够在如此广泛的读者中掀起一股关注心灵的热潮，这不能不说是出版界的一个奇迹。

本书作者约书亚·罗斯·李普曼，是一位在北美大陆家喻户晓的牧师，也是许多人的心灵导师，他曾在美国全国广播公司（NBC）的国际频道主持心理节目，每次广播都有数以百万计的听众。

在本书中，他试图将弗洛伊德的精神分析学，与数千年传承下来的宗教精神和传统智慧巧妙地结合起来，力图帮助现代人摆脱心灵世界中的种种困惑，克服人性的弱点，实现完美的人生。

当代社会充满了蓬勃的活力，但同时也让人感到压力重重。由攀比心理所造成的社会氛围要求人们发挥自身最大的潜能去奋斗，以求比别人更胜一筹，当然，最好能够在竞争中摘得桂冠。尽管如此，人生美满和持久幸福的答案，与那些涉及人性的基本问题，诸如需要、欲望、动机、恐惧和梦想的答案，仍然无法在竞争的喜悦中获得。要解答这些深层次的人生问题，在某种程度上要依赖于个人的心理体验，依赖于个人是否拥有一颗宁静的心。

李普曼教授认为，对于承受着巨大竞争压力的现代人来说，摆脱浮躁和不安，重归心灵的宁静是一个至关重要的问题，这不仅是一个人难能可贵的精神，也关系到个人、家庭、集体乃至整个人类社会的福祉。

他说："只要个人没能消除自身的内心冲突，社会就不可能持久安宁。只要人们内心的隔阂和仇恨仍在腐蚀着他们的内心世界，一个充满互助精神的社会就不可能建立起来。社会是由个人组成的，如果个人在生活上没有物质保障，在精神上陷入虚无，那么一个能够引发人们积极向上的安定社会，就只不过是一个乌托邦式的幻想而已。"

显然，从经济上进行社会改革或革新，对于建立一个理想的社会，一种合理的人际关系和一种健康的精神氛围是很必要的。但李普曼教授着重强调，经济的发展并不能完全解决个人在人格、心理和精神上的问题，并不能消除人们对生老病死和人世烦恼的恐惧。他认为，更加健康的社会只有依靠那些在人格、心理和精神上更加健康的人才能建设成功。

当下，人们陷入了种种不安、烦恼、恐惧和焦虑的境地中，并且感觉到没有力气走出这种困境。倘若能够运用李普曼教授在本书中提倡的心理训练法，人们就能够解除烦恼和痛苦，重建心灵的宁静，并且在往后的人生中能始终保持一种健全的心理和精神状态，成就一种理想的人生。

李普曼教授在书中所表达的大部分思想，是人类社会几千年来宗教教义和传统智慧始终在强调的东西，但是他将这些历史遗产揉进了现代社会中，针对现代社会中存在的精神问题，并结合弗洛伊德的精神分析学和最新的心理学理论，重新加以阐述，具有很强的针对性。

尤其值得赞叹的是，他对人性所折射出来的各种现象论述详尽、剖析深刻，非常贴合现代人思想感情的实际。

因此，尽管本书的立意看上去很高，内容也很严谨，但仍旧能够吸引大众阅读，并易于为读者所接受和理解。该书语言精练，行文优美，很多章节就如一篇篇哲理散文，言简意赅，读后让人回味无穷，发人深省。

——《纽约时报》书评

序二

宁静的心灵才是真正的无价之宝

在一个充满喧嚣和不安的时代中，创作一本谈论心灵的书，可能有些不合时宜，甚至会让很多人觉得惊讶。在这以前，关于如何保持心灵的宁静，人们讨论得并不多，而一般的读者对于这类主题更是闻所未闻。所以，试图从理论和现实两个层面来清晰地阐述这个问题，以期真正地对现代人的精神困惑有所帮助，并不是一件轻而易举的事情。但是，我将站在全新的角度，尽力进行诠释。我的全力以赴将使我感到坦然。

在本书的写作过程中，我始终坚信：倘若社会中的个体不能消除自己的内心冲突，那么社会就不可能迎来持久的安宁。因为社会是由单个人组成的，如果个人在生活中缺乏物质上的保障，在情感上焦躁忧虑，在精神上陷入虚无，那么，要想在这种背景下建立一个鼓舞人心的稳定社会，不过是一个乌托邦式的幻想而已。

需求、欲望、道德、爱心、恐惧和痛苦，这是人的一生中所面临的普遍问题。无论是生活在哪个社会，都不可对这些问题漠然视之。只要人类还存在，这些问题就不会消逝。在本书中，我试图从宗教和心理相结合的角度来提出我对这些问题的解释。在我看来，这些答案对改善人们的精神境界是大有裨益的。

毋庸置疑，人们对事物的态度和反应深受社会环境的影响。经济分配的不公让许多人患上了某种程度的精神疾病，并使得他们逐渐丧失了适应社会的信心。为了生存，为了寻求一份稳定的工作，大多数人不得不付出艰辛的努力。在激烈的生存竞争中，人们的内心很容易变得浮躁、彷徨。这时候，就为社会改革和革命找到了充足的理由。如果一个社会的秩序公正合理，就可以消除很多人的内心冲突，使他们更好地适应社会生活，这是必然的。

经济上的改革派和政治上的激进主义者都能敏感地意识到这一点。在他们看来，人类社会的一切不公正问题都源于经济上的剥削。他们觉得，只要消除了经济上的不平等，人们心理上的问题也便迎刃而解了。基于这种理由，他们指责那些心理学家和宗教人士，认为他们站在了剥削者的一边，故意掩盖了经济剥削的实质。

的确，人们要想获得心灵上的安宁和精神上的健全，就必须建立一种公正合理的社会秩序，每个人都应该努力去争取这种理想的社会秩序。当理想中的社会秩序建立起来后，困扰人们的一部分心理疾病也会消失。

但是，即便是建立了合理的社会秩序，人类仍然存在着很多普遍的心理冲突和情感危机，而这些问题是超越时空的。因此，人们必须学会通过心理修炼，通过运用高超的技巧，去解决自己的心理需要和内心冲突。

无论身处何种类型的社会，人们总会碰到一些纯属个人的问题，比如生死问题，父子之间、兄弟姐妹之间、夫妻之间的关系问题。无论世事如何变幻，家庭关系仍然存在，同事之间的关系仍然存在，更大范围内的人际关系仍然存在。所以，当家庭成员之间，同事之间或者有着其他关系的人们之间存在敌意时，当出现挑衅心理时，当遭到拒绝时，当内心感到恐惧时，人们必须学会正确地认识这些情感问题，并知道怎样才能恰当地处理这些问题。

一部分痛苦难免继续存在，而我们还必须面对。要生存，就必须具备生存的智慧，我们要努力培养的正是这种人生的智慧。

许多比我更具智慧的人们在推动着社会和经济方面的改革。对于他们那创造性的工作，每一个通情达理的人都应该抱着深深的感谢。

但千万不要忘记，只有健全的人格才能建设健全的社会！如果一个人对最亲近的人常常感到愧疚，如果他试图去爱别人却又变得畏缩不前、拘谨和冷漠；如果他时常会感觉到莫名的恐惧而又不知道这种恐惧来自何处；如果他痛失亲人后始终无法从悲痛和忧郁中走出来。那么，他就无法成为一个健全的、人格完善的人。

然而，现实中有很多的人就处于这样的困境中。尽管很多宗教人士和心理专家对这些问题发表了很多的见解，但在很多时候结果却恰恰适得其反。人们始终搞不明白从何处才能获得明智的指导，因而总是一个人独自承担着过多的烦恼和忧虑。

为什么我们会在某个时候产生厌恶自己的情绪？为什么有时候我们会对别人满怀敌意？为什么我们经常会感到莫名的害怕和恐惧？为什么有时候我们会发觉自己失去了对生活的信念？在这本书中，我将试图揭开这些问题的面纱。

我想，对生活感到压力重重，感到身心疲惫，陷入迷茫困惑的现代人来说，我的这些想法会产生一些效果。担任牧师的经历，以及同社会中各阶层人士的广泛接触，使我对这一点深信不疑。我认识到，改善自身对别人的态度会帮助人们改变其生存境况，在这一方面我们是能够有所行动的。

对于人性问题，心理学家们发表了许多独到的、深刻的见解，尤其令人兴奋的是，他们发现每个人都具有改变自身的无限潜能。本书吸收了这方面的优秀成果，并试图将这些最新的心理学成果与宗教领域的真知灼见结合起来，努力贴近现实，以期推动人们心灵状态的改善和精神世界的和谐。

——约书亚·罗斯·李普曼

目录

第一章　从内心深处解读人生哲学

001

在人的一生中，追求心灵的宁静是一个永恒的话题，也是人生哲学中最根本和最重要的事情。那么，要想让心灵重归宁静，我们该向何方探寻？向何处诉求？采取何种态度？坚守何种原则呢？

第二章　探寻善与恶的心理根源

023

经验主义哲学家爱默生曾说过："上帝在造物时，给每个事物都留下了一个缺陷。"这句话是想让作为人类的我们感觉到自身的不足和谦卑，但同时也让我们备受鼓舞。

法国作家、哲学家蒙田也曾说过："人类是非道德的生物，却注定要完成道德上的使命。"如果失去了理想，人是无法生活的。因为人始终有着追求真和善的冲动，这就是人性的本质。人在本性上具有善恶意识，就像是树要开花，花要结果一样。

第三章　首先要学会正确地爱自己

041

我们常常被教导着："要像爱自己一样爱你的邻人。"对这句话做出这样的解释也许更恰当："首先应该学会正确地爱自己，这样才会爱你的邻人。"

第四章　人类对爱的无限渴求

人生最大的快乐源自于被他人认可，也就是说，我们能得到他人的赏识，心中不再感到孤独，这便是快乐的源泉。

第五章　消除恐惧与焦虑的情绪

我们生活在一个并不安全的世界中，每个人的一生中都会遇见无数的恐惧和焦虑。未来的世界是不可预知的，为了能够在这个世界中存活下去，我们必然会感到恐惧和焦虑，这是每个人必须付出的生存代价。尽管这种情感体验是正常想象，但控制这种情感以使自己的心灵回归宁静也是可以的。

第六章　消除悲痛的步骤

没有悲伤的存在，人类也许就不能做到以深刻的思想和认真的态度去生活。我们要敢于直面悲痛，并超越它。

第七章　生命短暂的有益启示

147

死神是我们的老师，它既能使我们认识到自己梦想的高贵，又能让我们意识到生命的脆弱。我们的年龄越小，越不成熟，我们就会越难接受人在世间的生活终究会结束这一事实。

第八章　人类应该信仰什么

159

上帝对人们说："人啊人，我创造了地球，给你们钻石、黄金和会发热的煤，我给你们水源，给你们肥沃的土地，但你们用它们来做了些什么呢？人啊，你们自己已经找到了开启能量宝库的钥匙，但竟然还无法选择自己的命运：你们究竟是选择毁灭，还是生存？"

第九章　宁静是心灵的永恒归宿

181 多元主义者认为，人并不是单一的自我，而是在许多的自我中穿行——一个幸福快乐的自我，一个悲伤、忧郁的自我，一个发怒的自我。

致谢

译者后记

第一章 从内心深处解读人生哲学

在人的一生中，追求心灵的宁静是一个永恒的话题，也是人生哲学中最根本和最重要的事情。那么，要想让心灵重归宁静，我们该向何方探寻？向何处诉求？采取何种态度？坚守何种原则呢？

在不安的恐惧和焦躁中，人们在努力地寻求自我解救之道，以便让自己度过心理危机，并怀着足够的勇气直面所遇到的困难。他们需要的（也是我们全体人类都需要的）拯救并非是一劳永逸的解决方法，事实上，这样的解决方法是从来没有存在过的。他们真正需要的是能够始终保持心理上的波澜不惊，这种心灵、精神上的境界可以帮助你抗拒一切外界的混乱和灾难。

当然，这里所说的心灵宁静并不是要你躲进象牙塔里面，试图逃避喧嚣的世界，就像英国著名哲学家怀特海所说的："逃避并不是解决问题的办法。"

追求心灵的宁静并不是一种消极的自我麻醉，而是这样一种心态：我们能够平静地接受世事的困扰和命运的打击，但依然对生活充满热忱，因为我们懂得，人生旅途中的困扰和挫折是在所难免的，这样的打击阻挡不了我们前行的道路，我们依旧会积极地投入到生活中去，我们仍然努力地去创造、去奋斗。

在人的一生中，追求心灵的宁静是一个永恒的话题，也是人生哲学中最根本和最重要的事情。那么，要想让心灵重归宁静，我们该向何方探寻？向何处诉求？采取何种态度？坚守何种原则呢？

在我还是一个年轻小伙子的时候，有着许多美好和远大的梦想。一次，一位年老的智者让我们列出自己认为在将来的生活中最美好和最重要的事物，很多人列出的是：巨额财富，而我却列出了自己内心所向往的所有东西：健康、爱情、美貌、才华、权利、财富和声望，以及其他那些我认为是生命中不可或缺的美好的事物。

在我绞尽脑汁，将所有美好的事物统统列在这个清单上后，我把这张单子递给了年老的智者——他是我们的精神导师和道德榜样。由于年轻，我当时很自负，或许是为了在他面前佯装自己成熟且志趣广博，我很自信地对这位智者说：“人生中全部的美好事物都囊括其中了，如果谁拥有这些，他就会生活在无比美满的幸福之中，就像上帝一样。”

在这位智者的眼里，我隐隐约约地看到了一丝从容的微笑。他沉思片刻之后，淡淡地对我说：“这是一份很好的人生答案，我看得出你是在深思熟虑之后才列出这张清单的。但是，我亲爱的朋友，你漏掉了最为关键的一点，如果你缺少这一点，即便你拥有清单上列出的所有美好的东西，生活也会变成可怕的泥淖，你列出的这些东西将成为你整个人生中难以承受的沉重负累。”

智者的话可谓当头棒喝，我一下子变得忐忑不安了，用有些不高兴的声音问道：“我漏掉什么了吗？”

他用铅笔将清单上的所有答案都划掉——这轻描淡写地一划在不经意间摧毁了我年轻时代的美好梦想。随后，他郑重其事地写下了几个字：心如止水。接着，他语重心长地对我说：“这是上帝为他的眷顾者留下的特殊的礼物。上帝将才能和美丽赋予了许多人，拥有健康和名望的人也为数不少。但是，只有心灵的宁静才是他赐予人们的最后恩典，是上帝之爱的最好显示，他小心翼翼地将其赋予人类中的少数。绝大多数人都未能得到这份礼物，有些人终其一生，直到行将就木时也没有盼来这份礼物的降临。”

见我双眉紧锁，他进一步地解释说：“这可不是我个人得出的观点，我只是在解释大卫王的《诗篇》、马可·奥勒留的《沉思录》以及中国道家思想的创始人老子（老子的观点特别令人信服，但他却总是将自己的智慧归于前人的智慧，这更让人尊敬）的观点。这些智者无一例外地认为，上帝（或自然）是宇宙之王，他们将世俗的财富和堆积在庸人的脚下，但是降临在他们自己身上的却是安宁的甘泉，赐予自己的则是一颗宁静的心灵。”

人类心灵的永恒追求

那个时候，对于年轻气盛的我来说，能够毫无保留地全部接受这位智者的观点，是极其困难的。但二十多年过去后，我个人的经验与职业上的阅历却证实了他的观点。我现在终于能够领会：心灵的宁静乃是上帝赐予人类最美好的事物，只有经过深思熟虑，才能将其定位为生活的真正目标。此时，我已经明白，任何财富也不能换来这种心灵上的宁静。

此外，我也明白了，即使是没有充足的物质条件，甚至没有健康的体魄，人也能够长久地保持心灵的宁静。经过生活的磕磕绊绊和艰难困苦，我逐渐地意识到：只要内心是安宁的，再困苦的生活也阻挡不了你追求幸福的乐趣；而一旦内心充满了不安和躁动，即使有着巨大的财富和权力，你也会觉得生活索然无味。

保持内心的安宁是人类的永恒追求。深入研究一下人类历史，你会发现，所有伟大的哲人，佛陀、迈蒙尼德、托马斯……你不难发现，他们各自不同的思想学说，其实都源于同样一种胸怀，即伟大、安宁的心。

在各个时代，无助的人们都给自己创造了不同的宗教信仰。仔细观察和分析一下他们的祈祷，便会发现，他们都只是在祈求同样的生活目标——赖以为生的面包和心灵上的安宁。

成熟的人们不会再徒劳地追求毫无价值的东西，当他们热泪盈眶地直面往后的人生时，他们追求的是力量、勇气和理解。

今天，当人们祈祷时，他们在向上帝发出同样悲痛的呼号，他们祈求内心的平静。因为宁静的心灵是人们对抗动荡与不安的最后堡垒，也是躲避喧嚣俗世的避难所。

当人们沿着美其名曰为“文明”的道路阔步前行时，他们的内心却遭受着焦虑的侵蚀，甚至一些人的人格因为情感的剧烈冲突而濒临分裂的边缘。物质上的匮乏困扰着他们，政治上的钩心斗角及嘲笑讥讽冲击着他们。他们因此而变得垂头丧气，十分脆弱。在人生一帆风顺之际，他们会欢欣雀跃。但在屡遭挫折后，却焦虑不安，一蹶不振，仿佛头上始终悬挂着一把达摩克利斯之剑，威胁着自身的生存。他们战栗、恐惧，试图用醉生梦死的萎靡生活来麻痹自己的灵魂。现代人的生存状态真实地暴露了出来，他们感到身心疲惫，恐慌无助，就像著名作家托马斯·艾略特笔下的普鲁弗洛克一样。

保持平静的心并不等于逃避生活

严肃的社会改革者也许会对我的论点嗤之以鼻，他们会问：“世界一片混乱，亟须重建。人们有保持心灵宁静的权利吗？人们有条件去保持心灵的宁静吗？”我们的回答是：“首先必须重建个人的心灵世界，这样才能谈得上重建社会。如果社会中的每个人都内心失衡，怎么可能建立一个稳定的社会？只有保持心灵的宁静，个人才会安分，社会才会稳定——人们内心的安宁是保持社会稳定必不可少的先决条件。

保持社会稳定的平衡力量来自人们的内心世界。马可·奥勒留在他的《沉思录》中说：“人们应该在内心时时加固灵魂的圣殿。否则，圣殿将会轰然倒塌，化为灰烬。”是的，只有灵魂保持安宁时，我们才能时时加固精神的圣殿。

内在的自我交流和反省

寻求内心的安宁并不是一件轻而易举的事情。心灵的安宁从来不是装在瓶子中的，可以像别的物品那样随意买到，也不像化妆品那样涂在皮肤上即可增加美丽。在饭前学一点，或者进修一下心理调节的课程，这样是不可能获得心灵的宁静的。

我一直认为，经常读书，尤其是文学、哲学和艺术方面的作品能够陶冶人们的情操，有助于帮助人们净化心灵。这种想法确实有一定的道理，很多人也一定有着这样的体验。但我又想到，很多伟大的学者和艺术家的心灵并不总是宁静的，而常常表现出常人没有的焦躁不安和悲哀痛苦，他们经常由于自己的事业而陷入疯狂。

这也说明，智力活动并不总能给人带来心灵的宁静。著名作家歌德笔下的浮士德就是那些不安的当代人的真实写照。浮士德努力钻研一切学问，科学、哲学、数学等学科他无所不通，但他并没有获得快乐，这位痛苦的悲剧式英雄，发现自己只有在与邪恶力量持续战斗时，才会寻找到生命的满足。

通常，人们在聆听贝多芬的伟大乐章时能够变得特别平静，在听肖邦的《黄昏的沉思》时，也会得到同样的安慰。但是，音乐只能给予人们一时的宁静。

除了音乐，视觉上的美感体验也能给人带来暂时的安慰，虽然很少有人能够真正地因为田园诗般的美景而得到心理的完全放松。优美的绘画作品所表现出来的多样的色彩和协调的比例，也会给观看者提供有益的启示，以便他们获得心灵的安宁。但是，绘画作品并不能无限地满足人们精神世界的需求。

除了音乐和绘画之外，想要保持心灵的宁静，还有什么方法呢？千万不可以求助于酒精——如今，越来越多的人酗酒，而且喝酒的人数大有上升之势，过度饮酒和慢性毒药几乎没有区别。更不可求助于镇静剂和安眠药——在美国，人们为了寻求精神上的镇静，吞服了大量的催眠药剂。此外，我们也不该在情欲的放纵下寻求安慰，尽管有许多电影和报刊将情欲夸大为生命的全部内容。

当然，在追求名利的过程中也不能得到心灵的安宁。英国诗人，著名政论家约翰·弥尔顿对此有着精辟的看法，他说："追求名声是高贵心灵的致命弱点。"同样的，在追求财富的过程中也不会得到一颗平静的心。

很多人妄图抓住巨额的财富，但却避免不了财富像水银一般从指间流走。暂时的灵魂麻痹也无法使人摆脱心灵的桎梏。只要愿意，任何人都可以让自己麻醉，但这种麻醉的做法一旦停止，原先的焦躁不安就会加倍地发作。最后，爱也不是寻求心灵安定的可靠港湾。爱只是造成完美幸福的幻想，它有时甚至会造成伤害，破坏人们的幸福。

在人生中，既然追求宁静的心灵是永恒的话题，也是人生哲学中最根本和最重要的事情。那么，要想让心灵重归宁静，我们该向何方探寻？向何处诉求？采取何种态度？坚守何种原则呢？

这是一个极富挑战性的问题，值得我们去深思熟虑，并给出最真诚的答案。如果我们试图用最简便的方法来回答这个问题，可以在英国诗人马太·阿诺德的《埃特纳火山上的恩贝多克利》中找到这个问题的线索。

恩贝多克利是古希腊时期著名的哲学家，他在埃特纳火山上自言自语，对山脚下纷扰世界的人情世故进行了沉思，剖析了人们痛苦的根源。他用全部才智去回答这个问题，即如何在无边的烦恼中寻求有限的快意和满足。

恩贝多克力认为，是人们自己为自己制造了众多的不安和痛苦：

我们本应该具有宁静的心灵

但却不愿意到内心深处去探寻

……

“但却不愿意到内心深处去探寻！”一个简短的句子精确而又无情地揭露了人性的固执任性和讳疾忌医。将一块镜子放在我们衰老的脸庞前？绝对不行！如此探本究源的检查，会让我们的病根暴露无遗——我们那不为外人所知的焦躁的灵魂。这是不可想象的！然而，当我们确实查出我们的疾病之时，却像癌症晚期一样无法医治了。如此一来，我们将会在懦弱和自欺中度过余生。

事实上，能够正视自己的内心世界本来就不是一件容易的事情。直到最近，都是由宗教人士来教人们如何去修炼内心的。精神上的反省是自我认知的第一步，在孤独的境界中，灵魂也进入了一种沉思的状态，内在的交流和反省将会给人带来精神上的巨大提升。古犹太教就非常注重沉思的价值——沉思能够治愈人们心灵的疾病。为此，犹太教安排了很多神圣的日子，让人们有勇气去做自我反省和忏悔。

心理学对我们的帮助

真诚是一个人进行忏悔的先决条件。在基督教徒进行忏悔之前，他必须审视自己的灵魂是否真诚，并在纸上写下他的罪过——犯罪或是失职。这样做，便可以了解到自己的道德状况。当然，这种方法也有一定的局限性，我们会在后文加以讨论。现在我们必须承认，要想深入考察人类的灵魂，个人的忏悔是极为有用的方法。

在过去的半个多世纪中，特别是在最近的数十年内，人们创造了一种新的方法，借此可以对我们内心的骚乱不安得出很多新的洞见。弗洛伊德首创了这种方法，用它可以探究人们内心深处的心理动力。这种心理动力如果得不到正确的引导，会导致人的神经质。但神经质是怎样产生的？在什么时候产生的？为什么会产生？对于这些问题，运用弗洛伊德的精神分析学可以很好地解释它们。

尽管有很多心理学理论本身并没有涉及动机心理学或是对其充满了敌意，但动机心理学本身却取得了巨大的成就。在临床治疗精神、身体和情感方面的疾病时，它是必不可少的方法。在此，我不想对这种新兴的心理学治疗方法做过于详细的描述，我只想证明，在所有探索人类内在心理的方法中，这个方法最能揭示出人性内在的真正本质。

精神分析学就像是一面明镜，它能帮助我们反观内在人格的分裂。它极其坦率和真实，以至于很多人都不敢正视这面镜子。人们对精神分析形成了一种错误的观念，认为精神分析的前提是

“人性恶”，将人看做是具有罪恶情欲和低级欲望的高级动物。但客观地说，精神分析尽管让人难堪，却有助于我们了解人性本能的心理冲突，理解人最深沉的爱与恨。凭借精神分析学的成果，我们在理解人自身的本性时，就不再怀有病态的伤感。

一旦我们认识到：每个人天生就具有无情和非道德的巨大心理力量时，就会在自我理解上迈开重要的第一步。人们带着伤感悲观的情绪来理解人类的本质。如果我们能够运用这些心理能量，投入到美好事业中，这将是人类心灵史的重大胜利。只有此时，我们才能真诚地面对自己，才能有真实的言语和行动。

当一个胖乎乎的婴儿躺在小床上，母亲用充满关爱的目光凝视着他时，他“咯咯”地笑着看自己的母亲。很多人认为这个婴儿具有人世间最纯洁的感情。如果我们采取传统的观点，便会形成这样的看法：这个小男孩是多么天真啊！他就像是来自天国的宠儿。

有别于传统看法，现代心理学的研究则认为，这个胖乎乎的小男孩有着难以估量的心理能量——他对母亲怀有强烈的占有欲，如果占有欲受到威胁，他就会产生极大的愤怒。在一个陌生的世界中，婴儿也会产生深深的害怕和不安，在产生舒适感的同时也会产生恐惧感。此外，他对父亲和兄弟姐妹也怀有矛盾的情感：他爱他们，但在爱的同时，也对他们怀有一定的恐惧和仇恨。

如果现代心理学对小孩子的心理描述正确精准的话，那么当人们离开需要庇护的婴儿阶段，进入青少年和成人阶段后，我们又该如何去描述这种可怕的情结呢？很多人难以摆脱孩童时代蒙受过的心理阴影，以至于在往后的生活中一蹶不振。有多少人在这场人生的苦斗中困惑迷茫、自暴自弃、自我伤害！精神病患者的人数在增加，小孩子越来越专横无理，越来越多的人自相残杀……所有这些人都是精神世界中的流浪儿。

我们首先必须给人类不安的灵魂做出全新的、更真诚的描述，才有希望进一步探索这个复杂的精神领域。只有现代心理学才能对人的心理世界有如此细致深刻的理解。只有在精神病学者的指导下，我们才能认真地注视人的内心世界，才能较为客观地描绘出人的心灵图像。

我们要学会正视自己的缺陷和潜力，学会探索自己失败、仇恨、恐慌的缘由。通过心理疗法，我们不再是自以为是的虚幻自我（或者是按照别人的意志去塑造自己），我们将成为真正的自我，认识了解自身。我们不再像小孩子那样幼稚，去追求镜月水花般的事物。精神疗法引导着我们沿着正确的道路成长，并使我们更好地了解自己，从而学会坦然地接受失望、挫折，甚至死亡。

宗教赐予我们的精神财富

当然，我并不是说，只有弗洛伊德的精神分析法以及他的后继者的方法才是达到心灵宁静的唯一方法。圣人、神秘主义者、诗人和哲学家，运用其他的方法也能让自己的达到安宁。如果忽视了这一点，是极其荒谬的，也是绝对不可能的。事实上，生活是一次伟大的历险，要成功地进行这场历险，只运用心理学是远远不够的。

像所有其他的科学一样，心理学并没有道德目标，它也不是生活的哲学。它的创立者也不希望它成为这样。它只是开启人生圣殿的一把钥匙，但并不是圣殿本身。我认为，心理学必须和宗教结合起来，只有这两座灯塔上的光芒聚合在一起，才能使个人和国家顺利地通过前方的危险航程。

宗教其实是不断积累起来的、脱俗的智慧和道德训令的集合，它是由一些所谓的先知在人类的早期创立的，经过历史的洗涤，逐渐地形成了一个思想体系。宗教指导着人们的道德行为，使人们在茫茫宇宙中找到了一个属于自己的精神家园。人们能够在宗教生活中获得情感的动力，德行的操守，从而实现了个人和社会的双重目标。

宗教赐予了人类内在的精神财富。让我们理解到了个人生活目标在世界中的意义，让我们感受到了集体的温暖，使“小我”服从“大我”，以期用众人的力量达到更伟大、更神圣的目标，这些都是其他科学所不能带给我们的。

宗教智慧给我们带来了心灵的宁静。宗教的最高境界，便是在宣扬一种崇高的理想。这种理想让我们懂得，为了让有限的生命实现无限的意义，我们必须活下去。如果这不是自欺欺人的话，我们必须承认，要想让这些伟大的理想在人类的现实生活中体现出来，宗教则必须依赖于人类在科学上的不断进步。

分裂与联合：新的人生观

要想实现心灵上的伟大目标，宗教与心理学可以结合在一起发挥作用。人性的至善似乎永远是一个不可企及的目标，这正是心理学家揭示它的真正原因。只要人类内心是痛苦和忧郁的，他就不可能获得上帝的恩赐。

如今，通过弗兰茨·亚历山大、卡伦·霍尔奈、卡洛·蒙尼格的努力，弗洛伊德首创的动机心理学得到了发展。它能解释人们精神上的分裂，并对常见的愤世嫉俗和凶暴残忍提供较好的解释。这些有价值的思想应该为当代宗教所吸收，这样更有助于人类实现美好的人生目标。

但令人遗憾的是，许多的宗教教条却不能与时俱进，满足人们日益提高的需求。造成这一问题的原因很明显：由于西方的宗教产生于科学时代之前，或者说产生于心理学诞生之前。我承认，在心理学诞生之前，很多圣人和宗教哲学家已经深入到了人们的内心深处，并探究出了许多有价值的真知灼见。

但是，在今天，心理实验室却得出了更多惊世骇俗的新看法，它们极大地丰富了我们对人性的理解和认识。在心理学风行的时代，如果宗教依然固守自己的传统价值而停滞不前，它就不可能恰当地帮助人们走向自我拯救之路。

宗教的初衷无疑是想给人们带来美好的生活，但如果忽视或者贬低精神病学的创造性成果，那么很可能会失去一个很好的支持者。这种情况在历史上发生的太多了。很长时间之内，宗教不是接受，而是拒绝新的真理，结果使得天文学、物理学、生物学都与宗教形成了鸿沟。

神学家们常常会导致错误，他们总是认为，自己的表述才是对上帝智慧最后的、不可更改的揭示。历史上不乏这样的例子，比如布鲁诺形成了对自然法则的全新看法，但他的见解与那些一成不变的神学家们的看法不相符，因而遭到了神学家们的排斥和迫害。

这种最新的和最有力的心理学方法是上帝赐给人类的礼物，可以借此来观察人类心灵中那些极其复杂的动机。但现在有些宗教学家对此熟视无睹，这同样是危险的。它们承认，科学能够揭示神秘的天文现象和物质的结构，但在人的行为和道德领域，宗教却有着最终解释权，尽管这种最终解释权根植于过时的心理学。

但是，明智些的宗教人士逐渐开始认识到，将曾经僵死的概念奉为永恒的真理，是极其荒谬的。他们认为，在人类追求自我实现的过程中，凡是起到积极作用的力量都体现了上帝的意志和力量。心理学对人的行为和道德做出了新的诠释，这也是上帝智慧的最新言说。

心理学对人的动机的研究形成了许多新的见解，关于人的冲动、仇恨、喜爱和恐惧得出了许多新的理论。对于这些新见解和新发现，宗教都必须尽快地予以吸收。这样，才有助于人们回归心灵世界的宁静。既然心理学对人的心灵有着如此深刻的分析，那么宗教就应该借助心理学这种“显微镜”来对人性的做全新的观察，在这一点上不能有丝毫的犹豫不决。

事实上，在现代社会中，作为心灵科学的心理学已经通过改变人的性格，而不是通过空洞的说教，成功地将许多扭曲的灵魂从内心的冲突和冷酷的本性中解救了出来。如果宗教继续坚持认为人的性格是不可改变的，并利用空洞的说教支撑自己的论点，这就很不应该了。

在这样一个心态还不够开放的世界中，采取一种平和的信念汲取古老学说中可靠的、仍有生命力的部分，与当今科学中的新发现结合起来，是一项非常迫切的工作。只要人们具有这样的平和信念，那么实现这种信念的方法也就近在眼前了。

现在，先贤们创立的宗教有了一个可靠的同盟，这就是我们所说的心理分析学。心理分析学不仅揭示了导致人们灵魂不安的隐秘症结，还提供了切实有效的治疗方法。宗教和心理学的联合势在必行，它们将作为一个整体去救助那些误入歧途的人们，提升他们的人生境界，治疗其情感伤口，让宁静的仙露琼浆盛满心灵的酒杯。

读到这里，你可能会疑惑地问道：“宗教和心理学能够联合在一起吗？”

我们可以拿出让人信服的证明，说明两者是可以联合起来，并能够协调一致的。这个结论无非是鼓舞人心的，大部分人也不难理解这个论证。通过仔细的比较，我们就会发现，宗教和心理学在哪些方面是相似的，又在哪些方面是不同的。

宁静心灵的两种调剂

引导人们努力去实现美好的生活，这是宗教的明确目标。这种目标的正当性是毋庸置疑的。问题在于，应该怎样去创造这种美好生活，也就是说，怎样才能控制住人的不良情绪和浮躁的情绪，并发扬人性中最美好、最积极的因素呢？

一些思想偏激的人警告说，要创造一种美好的生活，要想彻底拯救人类的心灵，必须在心理学和宗教之间做出唯一的选择，不能二者皆选。

确实，这两种方法都能给人以心理安慰和精神解脱，对此采取只择其一的态度，我们认为这是完全站不住脚的。现在，人们对人与上帝之间的关系的理解越来越贫乏，这种敌对态度的产生便深深地根植于人们狭隘的观念之中。

对支持正统基督教观点的人来说，宗教代表着人间对真理和理想的最高祈求，如果降低宗教的地位，他们是坚决反对的。他们害怕那样做会玷污了神圣的上帝。在他们看来，宗教绝对是与科学、哲学、艺术无关的。上帝以一种永恒不变的方式向人间宣扬真理，我们这些凡夫俗子没有必要对其永恒的启示加以补充。

很多科学家的研究仅仅局限于实验室内，从而抵制了宗教真理的影响。不过，持有这样观点的科学家越来越少了。在他们看来，上帝只是人们虚构出来的，宗教是一种迷信的体系。人只不过是一种动物，灵魂则是虚构之物，不朽也只是人们的一厢情愿而已。人们即使没有偶像崇拜、没有卑微感或者其他目标，也同样会过得很好。

这两种对立的观点处于微妙的日常生活中的两个极端，几乎水火不相容。持有这种观点的人相互敌视，相互攻击。但站在这两种极端观点之间的却是俗世中的芸芸众生，他们努力着，挣扎着，抗拒着最常见的恐惧和弥漫在周遭的不安定感。如果带给他们一些心灵的安慰，他们一定会感恩戴德。他们困惑、迷茫、无助，在这个喧嚣的尘世中，他们努力地寻求着救助人心的真理。此时，宗教和精神分析学相联系，便会给人类的自救带来最大的希望。

这种联合不是勉强的合并，也非肤浅的拼凑。它是世上的一个新生事物，是关于人类灵魂的古老看法与最新发现的完美结合。让人惊奇的是，现代动机心理学的新发现印证了许多古老的宗教信念。比如说，预言式的宗教总在强调，人性具有普遍性，人与人在本质上是同一的。现代心理学也持有相同的观点，告诉人们，在人性的最根本问题上，确实不存在什么特殊性。

心理学家宣称，人性有其脆弱的一面，也有其坚强的一面，从这个角度来看，人与人之间最根本的本能、动机、需求和欲望是相似的。只不过人们的恐惧和忧虑感会表现出不同的形式而已，如果剥掉那层面具，就会发现，人们恐惧和忧虑的对象是相同的：害怕孤独、被抛弃、软弱、暴怒、疾病和死亡。

人们在精神上的需求也是相同的——由于人类是群居动物，只有联合在一起才能生存和发展，他们渴望组成一个社会，这更多都是出于精神上的需求而非肉体上的满足。每个人都渴望得到爱，得到别人的肯定和理解。他们需要安定感、归宿感，渴望与外在的、更广阔的世界融合在一起，与那种外在的、远远超越自身的力量——上帝融合在一起。只有在这种融合中，人类才能在精神上得到满足。

纵观历代的宗教信仰，它们都无一例外地强调宽容在人生中的重要性。动机心理学的新发现对这个观点是个补充。

动机心理学认为，我们不仅仅要做到对别人宽容，也要对自己宽容。只有这样，我们才能保持心理健康。当生活不能尽善尽美之时，我们不必苦苦地折磨自己，我们必须认识到，生活是由成功和失败交织而成的。金无足赤，人无完人。每个人都有其优点，也有其缺点。心理学实验表明：无论是对人还是对己，对人的个性及其缺点都要抱着宽容的态度，如此才能保持我们宁静的心灵。

宗教观点总在强调人的自由意志的重要性，这种自由意志是人能够承担责任的核心所在。现代心理学表明，许多人总是被内心的冲突弄得身心疲惫，性格扭曲，情感僵化。他们难以操控自己，不能自由作出决定，选择自己的价值标准。这些人像钟摆一样徘徊在两个极端之间，具有这种人格的人是难以承担起伦理责任的。

只有揭开了这种人格的内在心理原因，他们才能拥有真正的自由意志。只有在那时，他们才会形成统一的人格；也只有在那时，他们才能独立地做出自己的决定，并承担由此带来的责任。

宗教教义总是在告诫人们，过度的自负和不诚实会带来危害，玩世不恭和绝望会逐渐地侵蚀人们的心灵。宗教要求我们在情感和行动上保持内心的和谐。如今，动机心理学的细致探讨证实了这些观点。借此，人们也知道了避开那些诸如沮丧、傲慢、虚伪等情感缺陷的必要性。

宗教学说坚信，世界上充满了神奇的力量，它们推动了世间万物的生长变化，而在人们的内心中潜藏着尚未开发出来的巨大创造力。现代心理学的结论也印证了这些宗教信条，并作出了更加清晰的阐述，这要求人们不断成熟并完善其性格。它更进一步地向人们表明，从一个全新的角度来理解生命，生命将会变得更加绚丽辉煌、丰富多彩，上帝救助人心的力量又该是何等的神奇！这种救助之所以成为可能，正是当代科学家、心理学家以及临床医学家们积极努力的结果。

宗教不仅仅强调上帝的唯一性，也强调个人内心的统一和完整。在这一点上，心理治疗接近宗教的看法。作为心理分析法的创始人，弗洛伊德也有着神学上的目标，尽管他本人可能会忽视掉这一点。人的样子是按照上帝的形象创造出来的，而上帝只有一个。这就意味着，如果人的内心存在着冲突，人格上存在着分裂，那么这就如同是在亵渎上帝的神圣形象。

实际上，心理学家们和宗教人士们做着相同的工作，他们都在努力使人的情感和心理实现统一，这样就能够像上帝一样成为完整和谐的统一体。

宗教和心理学之间不是相互排斥的关系，而是互补关系。在支撑人类意志，安慰人类情绪上，往往是一方未能奏效的，另一方却能够做到。心理学让人摆脱了痛苦和困惑，但并不存在心理学取代宗教的危险，宗教也不可能阻碍心理学的蓬勃发展。

受着生活压力折磨的人们需要宗教和心理学。上帝的启示和心理学所揭示的新发现给人们带来了很大的帮助，这是不可否认的。只有在宗教和心理学的双重作用下，人类才能重新塑造宁静的心灵。

殊途同归的宗教与心理学

当我提出宗教与心理学的新关系，认为只有在心理学和宗教的双重作用下，人们才能找到心灵的宁静时，是否就意味着我是一个不虔诚的信仰者，一个离经叛道的异端呢？确实，宗教在人类历史上有着非常辉煌的成就和功用，但宗教也给人们的心灵上留下了许多的疤痕，造就了很多病态的道德感、无限的混乱和痛苦的心理扭曲。对所有这些，宗教都负有责任。当我这样说时，我是否会被怀疑为所谓的宗教革命者呢？

如今的宗教将社会上的表面现象与真正的病因混淆了起来，它太轻易地满足于表面上的治疗。更有甚者，许多西方的宗教都还停留在很幼稚的阶段。也许，与此对应的是：绝大多数的人也还是不成熟的，他们在这种幼稚的宗教里面自得其乐。

在我看来，一个良性的社会是由那些思想成熟的个人组成的。人们要想变得更加成熟，指导人们如何去修养心性的宗教本身就必须首先成熟起来。

在今天，除了正统的基督教之外，宗教与当代的天文学和生物学都达成了某种和解。经历了几十年甚至几个世纪的时间，宗教和科学才最终达到了某种程度的和谐。也许，神学反对天文学和生物学，部分是出于人类固有的虚荣心，他们将地球看做是宇宙的中心，人是神圣之物，从一诞生就与地球上别的物种不同。人们坚持这种看法并在其中得到宽慰，这也是可以理解的。

但是，在宗教和心理学取得一定的和解后，它们之间的联合已经实现，宗教现在必须与现代的心理学实现和解，因为这种和解将给人类带来巨大的益处。

有些幸运的人在传统宗教的熏陶下觉得安谧舒适，也有些神秘主义者在宗教当中发现了寻求心灵宁静的独特方法，这些都不在我的讨论之列。在当今世界中，仍然有许多烦恼的人们在寻求帮助。

宗教要欣然接受现代心理学的新成果，这样才能与时俱进，正确对待人类的罪恶，认识到人性的阴暗面而不是沮丧失望，也不天真地相信人性的至善，也不会因为人类的有限力量而悲观。只有这样的宗教才能够描绘出人类的美好生活，并指出能够实现这个目标的必要方法。

人们为什么要仇恨？为什么会恐惧？为什么会产生病态心理？为什么在对抗更加强大的力量时会感到无助？对于这些问题，如果能够借助动机心理学发现的新方法和新手段，宗教是可以做出更深入、更精准的回答的。

同时，人们应该树立一种怎样的道德感，而不至于束缚了自己的个性发展？该怎样表达真正的爱，而少一些虚伪？如何养成至大至大刚的勇气？如何与上帝真诚地交流，却又不厌恶尘世的生活？我相信，宗教是能够明智地回答这些问题的。

在本书的开篇中我提到的那位老人，他是我的精神导师和朋友，尽管他早已逝世了，但每当我沉迷于人生问题的思考时，就会回忆起他那干枯的双唇之间的微笑。

他曾说：“小河流向大海，但上帝并不关心小河的流程。上帝将生命的圣水掬在手中，无数的朝圣者沿着注定的道路前来，寻求灵魂的拯救。任何宗教和正统的学说终究会在人间消失，而人类却永远在寻求心灵的宁静，宁静的心灵是人类幸福的源头，追寻这一源头的道路将永无止境地、顽强不屈地伸向前方。”

第二章 探寻善与恶的心理根源

经验主义哲学家爱默生曾说过："上帝在造物时，给每个事物都留下了一个缺陷。"这句话是想让作为人类的我们感觉到自身的不足和谦卑，但同时也让我们备受鼓舞。

法国作家、哲学家蒙田也曾说过："人类是非道德的生物，却注定要完成道德上的使命。"如果失去了理想，人是无法生活的。因为人始终有着追求真和善的冲动，这就是人性的本质。人在本性上具有善恶意识，就像是树要开花，花要结果一样。

著名哲学家康德曾经说过："有两件事物雄辩地证明了上帝的伟大：头顶上灿烂的星空和我们内心中的道德戒律。"

对此，弗洛伊德却不以为然，他说："星空诚然灿烂庄严，但说起人类的道德感，恐怕上帝也会为他造人时的粗心和草率而感到惭愧。"

不可否认，人在各个方面有巨大的能力，有时候遵循着良好的道德规则，有时候却毫不保留地显示出恶的一面。而宗教在与恶的斗争过程中，所运用的全部方法大概都可以用一个词语来概括：抑制！西方的宗教认为，只有严格地抑制内心的情欲和冲动，人类才能达到道德上的至善。

经验主义哲学家爱默生曾说过："上帝在造物时，给每个事物都留下了一个缺陷。"这句话是想让作为人类的我们感觉到自身的不足和谦卑，但同时也让我们备受鼓舞。

法国作家、哲学家蒙田也曾说过："人类是非道德的生物，却注定要完成道德上的使命。"如果失去了理想，人是无法生活的。因为人始终有着追求真和善的冲动，这就是人性的本质。人在本性上具有善恶意识，就像是树要开花，花要结果一样。

每个人的本性中都孕育着这些道德意识的萌芽。只要内心深处始终潜藏着这些萌芽，才能将这些道德价值和理想发扬光大。虽然圣贤不时地指责人类的弱点，但他们的内心也很明白，尽管人们内心的善恶意识极其微弱，但它们的存在缺是确定无疑的。当人们未能遵守道德时，他们的内心便会升起莫可名状的罪恶感。这表明，人是有一定的道德感的，有精神追求的。

虐待他人责备自己，成为害群之马。道德感的消极方面会造成极其巨大的损失。恐惧、焦虑、仇恨，以及人的精神和肉体上的大多数疾病都是由于错误的道德观念造成的。而人们本身的某些错误方式又造成了错误的道德观念的滋生和蔓延。

倘若有这样一种道德，它既不加强人的自我厌憎感，也不会让人感觉到自己的卑微，那么这是一种真正意义上的道德。像艾里克·弗洛姆所说的那样，真正意义上的道德感是完整人格的一部分，它是对人的整个存在的自我否定。这种道德感真正标志着人类的成熟。很多的艺术家、医生和教师都为他们自己设立了这种道德标准。父母将他们的爱无私地奉献给了他们的孩子，在这儿同样可以看到道德感的强大作用。

从本杰明·富兰克林到亚伯拉罕·林肯，他们对人间疾苦的关心让我们更加深切地感受到了道德感的巨大力量。这些都是人类具有仁爱的道德观念的佐证。

原罪和忏悔：病态的道德观

不幸的是，并不是所有道德上的呼声都如此的高亢和鼓舞人心。宗教的历史最能说明这点，从使徒保罗到圣·奥古斯丁，从约翰·加尔文到马丁·路德，他们都认为人类是邪恶的，他们也为此困惑不已。大多数西方宗教的道德观念也受到了他们的影响，他们向世人宣告：“可悲的人啊，赎罪吧！用道德的皮鞭拷问你们那罪恶的灵魂吧！否则的话，你们永远不会得到上帝的垂青，不会升入天堂。”

这种道德观念充满了病态的罪恶感，它应该由宗教而不是上帝来负责。当然，从宗教这一方面来说，也有其情有可原之处。要求人们保持一种道德观念，就不可避免地要引进原罪和忏悔的观念。也正是原罪和忏悔的观念，限制住了人类本能中恶的一面的发泄，对谋杀、乱伦和残忍的暴行有所杜渐。这些禁忌提醒人们那些事情是能够做的，那些事情是不能做的，它们就像是人们日常生活中的指路明灯，引导着人类驶向文明的港湾。人类初期的迷人故事也许就像下面所述的那样——

在宗教刚刚诞生之际，人类还处在野蛮的幼年阶段。那时候的人类还没有形成明确的是非观念。最亟须实现的社会目标是：一夫一妻制，家庭内部关系的贞洁、兄弟间的互相帮衬和社会的正义。

为了实现这些目标，在正确和错误之间做出明确的区分就显得愈发重要了。当时的人类还没有能力去驯服自己内心的邪恶力量，以服从于善的本能。在这种情况下，在两者之间做出严格的区分就在所难免了。要在人类生活的方方面面承担起如此艰巨的任务，宗教就必须在人类邪恶的灵魂旁建立起自己的坚固堡垒——这个堡垒便要求人们树立起“人类原罪”的道德观念。

对善恶动机的精神分析

弗洛伊德发现，早期人类社会出现的事物现象在人的幼年阶段也会同样出现。在孩提时代，我们不能够清楚地区分善与恶，甚至难以辨认出幻想与现实之间的差别。我们的家长通常必须限制我们的反抗本能，用来促使我们无条件地服从他们的权威。为了我们身心的发育成长，自由、自持和独立的精神便推迟为成人时候的事情了。从幼年到青少年，为人的道德行为提供明确的戒律，宗教是极为适合的。在人格的成长过程中，禁止或允许人们做某事，会逐渐让人们养成一种“人性恶”的道德观念。

我们经常会发现这种情况，人在幼年时期受他人的保护，久而久之，也就习惯了依赖他人，不能独立自决。这种幼时的保护状态成为阻碍人们走向成熟的桎梏，对他人的依赖使人变得软弱，犹豫不决。更可悲的是，许多人往往害怕挣脱加在他们身上的枷锁，将自己释放出来。错误的宗教观念希望人们保持那种无端的恐惧感，使过去的沉重枷锁在人类的灵魂上越勒越紧。人们在长大之后，本应该有足够的能力去区分幻想和现实之间、梦想与事实之间的区别，但这种错误的观念却仍旧迫使人们受幼儿和少年时的思想观念的支配。

道德的思想和不道德的行为之间是有着严格区别的，但历来却很少有宗教传道者对此有明智的看法和认知。他们更倾向于认为：淫荡的、嫉妒的、破坏性的思想与淫荡的、嫉妒的、破坏性的行为是一样的邪恶。

他们认为，人们有着罪恶的欲望，这与事实上的罪恶行为其实是一回事。这种错误观念对基督教产生过深刻的影响。事实上，《马太福音》中就这样认为，只要内心存在着情欲，就等于行动上已经那样去做了。为了避免一失足成千古恨，基督教要求人们去压制心灵产生的每一个邪恶的念头。

在对抗邪恶的过程中，宗教所运用的全部方法可以用一个词来概括：抑制！西方宗教认为，只有严格地抑制人们内心的情欲和冲动，人们才能达到道德上的善。从表面上来看，我们运用抑制的方法好像是减少了可怕的罪恶，但却造成了人们内心的痛苦，病态的焦虑，而这些病态的情感正在拷问着现代人的灵魂。

很明显的是，抑制的方法在人类历史上曾造成过大量的悲剧，他是不能为人类带来美好生活的。这种方法的失败造成了大量的悲剧，严重地影响了个人的生活，并阻碍着社会的进步。在西方，精神疾病的流行，人们时时怀有的不安定感，婚姻问题而引发的冲突，更不必说那些战争和集体的屠杀了。所有这些可怕的后果都表明了传统宗教的方法在处理罪恶问题上的不当。坚决否认我们怀有敌意观念和情欲，并幻想由此而过上幸福的生活，这种压抑内心欲望的方式根本是行不通的。

事实上，我们每个人都有过不高尚和不道德的幻想。它是我们人类与生俱来的本性，对它们的存在，我们既不能视而不见，也不能一味否定。如果将这些不道德的幻想埋藏在内心深处，就会产生罪恶感，攻击欲甚至肉体上的痛苦。

动机心理学的研究成果表明，当人类的邪恶观念从人的意识领域消失之后，它就会进入人的潜意识领域。我们在口头上否认幼时耻辱和愤怒的存在，但它们却并不会因为我们口头上的否认而真正消失。它们潜伏在我们的心底，并具有爆炸的可能性。这种强烈的压抑使那些不合规范，有违道德的冲动伪装了起来，骗过了我们的耳目。但实际上，它仍然是我们的神经系统，搅乱了我们心灵的宁静，使我们守着失败感的折磨，使我们感到沮丧、自卑，并驱使我们违心地在情绪的两个极端之间来回摇摆不定。

这种不良情绪会对我们的身体造成很大的危害，甚至会让我们患上高血压或胃溃疡。一个诊所的医师埃尔文纳茨曾说，胃溃疡是人类文明的伤口。

人们往往受传统的影响，力图将自己内心的不安分欲望根除，但出人意料的结果是，自己往往会成为虐待狂或偏执的宗教盲从者。很多所谓的好人实际上是伪君子，他们对待同事、孩子和其他人时实际上很残忍，这是他们为内心的压抑所付出的代价。

释放出压抑在心底的冲动

要想抑制住人的全部原始欲望是不可能的，也是没有必要的。让人倍感欣慰的是，在人类强烈的原始欲望中潜藏着巨大的心理能量，如果对之加以正确的引导和利用，可以使之有益于整个社会。我们称这个过程为升华作用，它是人类心理的深层机制。正是由于升华的作用，人类生活才不至于流于庸俗。人类许多重要的社会活动和智力创造，都是从人的情欲中汲取力量，并将之升华的。

比如说，男孩子喜欢玩棍棒游戏，这种心理的冲动经过升华之后，将会变得有益于社会，未来的他可能会是一名出色的外科医生。这是升华作用的极佳范例。

人类既不应该否定这种原始的心理能量的存在，也不应该放纵这种欲望。我们应该坦然地承认，我们的心理能量来自于人的本能冲动。我们应该努力地将这种能量转变为其他有益的形式，去从事各种艺术创造和科学研究，实现追求真、善、美和幸福生活的理想。

宗教习惯于用一种迂回曲折的方式对付人性的邪恶。而动机心理学家却鼓励人们将内心生活中的黑暗和不愉快在意识层面上浮现出来。在无数次的临床诊断和实验中，动机心理学取得了鼓舞人心的成果。这为它赢得了极大的声誉，使我们不得不相信这种方法的有效性。

实践证明，绝大多数的心理冲动像定时炸弹一样埋在在人类的内心深处，当人们说出内心压抑已久的隐秘想法后，便舒缓了内心的压力，这样以后就不会再面对过去那样的爆炸性危险了。

精神疗法在思想和行动之间做出了细致的区分。精神疗法揭示了我们内心冲动的本质，并说明了心理冲动在整个心理系统中的地位和作用。这样，我们就能够运用可靠的办法来解决人性中潜藏着的邪恶的问题了。使人惊喜的是，不是通过否定和压抑，而是通过承认和正视，人们才能较好地控制自己的反社会冲动。

将压抑在内心的冲动说出来，将会削弱将这种冲动付之于行动的机会。这种说法看起来好像是奇怪和荒谬的，但当普通人学会用语言发泄深藏在内心的欲望和愤怒时，这种不道德的，原本具有破坏性的力量就变得可以控制了。当人们离开了精神疗法的病房时，他们如释重负，不再害怕和焦虑，他们能够自由地支配自己的心理能量，渴望能过上健康、幸福和快乐的生活。

运用这种口头发泄的方法，身体疾病和心理疾病有时候会奇迹般地消失。设想有一个人患有常见的疾病，比如高血压、胃溃疡、气喘，医生循序渐进地鼓励他谈出自己内心的焦虑、冲突、愤怒和欲望。病人知道，他可以说出自己最具有反社会倾向的想法，而不用害怕这些口头上的发泄会导致自己产生反社会的行为。

显而易见的是，这种方法与传统的宗教方法是大相径庭的。我们不是将自己内心的邪恶想法宣布为不道德的或非法的，而是在思想上承认它，让自我能够清晰地意识到它的存在，消除它的危险，并去制服它，甚至将这些心理能量转变为对未来人生具有建设性的积极力量。

宗教忏悔的片面性

你也许会问："除了向心理医生诉说外，忏悔不也是同样鼓励人们说出自己内心深处隐秘的想法吗？"向神父或传教士忏悔自己的罪恶，与向心理医生说出自己的焦虑，这两者之间到底有什么区别？

它们在内容和形式上都有很大的不同。我首先要说明，很多睿智的神父吸收了精神病理学的一些最新成果，使宗教忏悔能够真正地对人有所裨益。基督教和犹太教的传教士懂得从新的角度去理解人际关系和人类动机，这样的话，对于那些迷茫而痛苦的人们来说，它们所提供的建议对人类是有巨大帮助的。

尽管宗教忏悔确实帮助人们卸掉了很多精神上的重负，但所有这些却只不过是浮光掠影。它远未对人性形成深刻的理解，进而对人民的性格从根本上进行改变。宗教忏悔的目标只是赎罪，并没有发展人的个性。但对于精神疗法来说，只要你超越了内心的罪恶，你就不必为自己的想法感到愧疚和不安。

从本质上来讲，忏悔其实高估了人们内心的罪恶感。忏悔者像一个孩子一样走到神父的面前，祈求宽恕，希望能够给他带来惩罚。经验告诉他，他犯下了罪恶程度不一的各种罪行，为此他应该付出怎样的代价。在习以为常的忏悔和指责中，他的内心并未变得更加充实。

忏悔带给人们的只是生命中极为肤浅的东西，忏悔者一般不会通过这些东西去深究自己的内心世界。忏悔或许能够在一定程度上缓解人们的内心压力，但是却不能改变人的性格本身，不能揭示罪恶的心理根源。

我将用一个事例来阐明这个问题。一个35岁的已婚男子发生了婚外情，为此他深感苦恼。他很虔诚地向牧师道出了他的隐私，并希望从牧师那儿获得帮助。他心里明白，这件事情给他的妻子和家庭带来了极大的痛苦，他为此深感自责。

牧师警告他说，在上帝和常人看来，不忠是可怕的罪过，他应该及早了结此事。忏悔者承诺改掉这个恶习，但经过激烈的内心搏斗，他却依然如故。这个充满神性的建议之所以未能奏效，其原因在于它只是一味地鼓励他克制自己的欲念，远离那个女人，却未能弄清楚这个男子苦恼的根源何在。

弗洛伊德讲过一个非常有趣的故事，表达了同样的道理。

这个故事发生的年代较早，是爱迪生发明的电灯刚刚问世的年代，一个第一次进城住旅馆的乡巴佬，晚上上床睡觉前，一直试图像吹灭蜡烛一样吹熄灯泡。结果他费了九牛二虎之力也没有成功。是的，如果他认识不到灯泡是靠墙角的开关控制的，那么他无论如何也不可能用嘴吹熄灯泡的。

夫妻之间存在着的不忠也是基于同样的道理，仅仅依靠个人意志的力量是消除不了他不当的心理根源的。只有找到了问题的症结所在，人们才能随心所欲地支配潜意识中产生的巨大力量。

探求心理冲突的根源

和忏悔有所区别的是，心理学总是最大限度地剖析滋生烦恼的土壤，并设法将其铲除。在上一节提到的那个丈夫陷入不忠的事例中，心理学家要消除的是他所遭遇困境的病理根源，并改变其不当的心理方向，力图让他放弃那些不成熟的行为方式。心理分析揭示了他的病态行为的深层原因，并一直追溯到其早年的经历。一旦弄明白问题的症结所在，在日常生活中便能够彻底消除这种不当的心理冲突。

对于那些深陷心理矛盾之中的人们来说，心理分析可以在不产生罪恶感的同时帮助他们达到预期的目的。病人们会发现，在心理分析中，他不仅可以免除忏悔式的惩罚，而且能够坦然说出自己内心的冲动以及焦虑。他们可以信口开河，而不必担心别人的诋毁。令人惊奇的是，医生对他的谈话不置可否，只是保持一种超然、平静的心态，并表示同情和理解。这种理解有助于心理疾病的康复。

在他自言自语的过程中，医生并未告诉他该做什么，以及该怎样去做，但却在循序渐进的治疗过程中增强了他的信心，使其能够真诚地面对自我并作出决定。当他向医生倾诉他的愤怒、憎恨、激情、欲望和妒忌之时，他开始学会正确地看待它们。他开始明白，在成人的情感世界中，所有这些压抑已久的冲动是多么的荒谬和不合时宜。

幼时情感世界的混乱会影响成人后的情感方式，结果便产生了这些不合理的情感反应，但在更为成熟的价值观体系中，这些荒谬的感情显得毫无意义。认识到这一点，人们将获得一种全新的观念，会坚决地抛弃这些负面情感，努力去创造新的生活。

这些便是宗教忏悔和心理学上的谈话疗法之间的差异。如果一个人仅仅依靠宗教导师来告诉他哪些是对的，哪些是错的，那么，在他的生活中，焦虑和罪恶感很可能会成为挥之不去的阴影。更有甚者，他只是被动地接受一种别人灌输的道德观念，只有神父或教士经常提醒他时，他才能保持这种道德感。他按照别人的要求和禁令去决定自己的行动，而丧失了独立的人格——他只不过是一个外在的道德规则的奴隶！

进行严格、认真的心理治疗后，人们就会对自己内在的本质有很多的了解。只有充分了解自己，一个人的内心才可以保持平静。要保持内心的安宁，就要有成熟的道德观。自我责备是没有用的，人必须全面地认识自己、了解自己。意识到这一点是非常重要的，只有直面人性的全部本质，你才会明白，为了实现自我，应该采取何种行动。

人们往往将童年和少年时代的心灵阴影埋藏在内心的深处，并假装自己淡忘了。有朝一日，当他们再度直面这些阴影时，它们才会自动消失，不再潜藏在心底。对于那些可怕的幻想和罪恶的欲望，如果人们用语言表达出来，将其显示在意识中，就可以自由地控制它们了。

他可以这样对自己说：“这些可怕的想法又出现了，这是强烈的情欲，这是自暴自弃的倾向，我对你们很了解，我知道你们的底细，我对你们一点都不感到恐惧。当我压抑你们，将你们关在心底的监狱之时，你们好似巨大的魔鬼难以支配。但现在我认识到了，你们原来只不过是些软弱畸形的东西。我不会再被迫去做残忍的、不道德的事，去伤害我自己和我所爱的人。你们的面目我已经看得一清二楚了，尽管你们一度很有力量。但是现在，你们对我已经无能为力了。”

让我用一个常见的事例做个类比，来阐述这种自我解脱的方法。一个男子在少年时代狂热地爱上了一位美丽的姑娘，但天不遂人愿，最后他们分手了。但这个男子仍然沉醉在美好的记忆中，拒绝生活中遇到的爱和幸福。他深信，一旦失去了她，便失去了生活的全部。许多年之后，在一次偶然的机会中，他遇见了昔日的梦中情人，可此时的她已经变成了一个泼妇，尖声叫喊，满脸皱纹，偏狭无礼。他倍感惊奇，难道这就是自己失去的爱吗？这时他才恍然大悟，他以前在她身上看到的很多美德只不过是自己的幻想而已。他现在明白了，自己错过了很多本该珍惜的机会，自己的感情多年来被一个少年时代的幻觉所奴役，这是多么荒唐的事情啊！

他确实真心地爱过这个女人，但最后却失去了她。现实摧毁了她的梦想，他现在感受到了一种力量——打破记忆枷锁的力量，将自己从过去的记忆解救出来。他剥去了那层罩在她身上的幻想面纱，他开始嘲笑自己，他告别了梦魇般的痛苦，抛弃了过去压在身上的精神重负。

幼稚的道德观的入侵

人类表现出的许多情感和行为其实都是为了力图掩饰自己的本性，而错误的道德观却往往借着这些感情和行为乘虚而入，对我们进行报复。错误的道德观是潜藏的痛苦之源，它带给我们疾病，让我们疯狂，乃至自杀。

精神病学曾经深刻地揭示过自杀者的心理动机：自杀者往往深切地感受到了自身的罪恶，试图用自杀的方式进行赎罪。其实，这些所谓的罪过只不过是一些非常幼稚的过失而已，但错误的道德观却驱使他们心甘情愿将自己奉献给赎罪的祭坛。

人类具有原始的、基本的冲动，这无须大惊小怪。绝大多数人本来活得好好的，却因为不了解这一点，不能坦然地面对自己，结果毁了自己，这是极不明智的做法。在这儿，又一个很好的例子说明了这一点：

有这样一个年轻人，在他母亲过世后，娶了自己爱慕已久的女孩为妻。但这个女孩却是他母亲生前所不喜欢的，所以这个年轻人总觉得娶了这个女孩是对他母亲的不孝，因此怀有深深的罪恶感。在婚姻生活里，他无法享受爱情的美好，而是整天忧郁不安。结果，他的身体越来越弱，五年后就一命呜呼了。

倘若这个人的道德观变得更为宽容的话，就不应该停留在这种幼稚的水平之上，就不该简单地划分为对与错。成年人要想得到心灵的宁静，接受一种宽容的道德观是极为必要的。我们内心深处存在着强烈的反社会冲动，对此采取回避和压抑的态度是无济于事的，越是克制它们，它们就越仇恨我们，并对我们进行猛烈的报复。成年人如果一味压制这些心理冲动，将会对自己的身心造成极大的伤害。

未来的宗教应该吸取精神疗法的有益因素，鼓励人们容忍这些难以接受的冲动，并使之升华，同时调整自己的心态，投入到更美好和丰富的生活中去。意识到这一点，就可以大大加强人们的自信心和内在的力量。承认这些欲望的存在，而不是压制它们，这样，在我们朝气蓬勃的生活中，它们便不再是与我们的本性相斥的力量。

不论人们是否意识到了这一点，正常人的道德感都是真诚可信的。我们的道德感抗拒着尘世间的罪恶和诱惑，才使得整个社会保持着一种正常的秩序。他们中的绝大多数人能辨别是非、乐于助人，能够正确地看待事物。

我们应当明白，我们的道德感就如我们的眼睛、神经和消化器官一样值得我们去信赖。哈佛大学一个著名的精神病学家讲述过一个年轻女人的故事。这个女人害怕自己失去了控制，做出谋杀之类的罪恶事情来，这种想法使她感到深刻的不安。

经过精神病学家的仔细调查后发现，这个女人非常信赖她的丈夫，但她的丈夫在一次战役中牺牲了。过去，她完全按照丈夫树立的规则去行事，向丈夫寻求庇护，而现在这个庇护已经不复存在了，她害怕自己的罪恶想法会伤害自己。

医生告诫她说，像其他正常人一样，她也有着自己非常合理的、良好的道德观，只不过以往她未曾加以运用而已。她所说的困难其实是极其荒谬的，就像是一个人害怕自己的肌肉不能支撑其行走一般。应该认识到，我们的肌肉和道德感都在自然地生长，它们同样是值得信赖的，我们不必用意志和知识去支配、控制它们。

用诉说的方式来缓解内心压力

军队中的医护人员懂得采用何种方法去治疗身处前线的身心疲惫的士兵们所面临的心理症状和神经症。

在战争中，人们可以运用各种精神病理学的方法，医治内心的不安、恐惧、犯罪感和焦虑，用这些方法消除道德感的基本因素，人们的心疾自然而然就痊愈了。用谈话的方式来缓解内心的压力，使很多身心疲惫的战士和水手重新获得无穷的力量。一个刚毅的军人曾满怀感激地说道："说出我们的恐惧——毫无顾忌地用言语表达出来，它们便会像水蒸气一样蒸发掉了。"

试想，将一个很小的锅子严严实实地密封起来，一直放在火上烧，它爆炸时产生的冲击力可能会掀翻整座房屋。倘若及时揭开锅盖，让水蒸气蒸发掉，锅里面的水沸腾时，多么像是水泡在欢快地歌唱！

我的意思并不是说想要每个人都到精神病医生那里去寻求帮助。虽然道德感时时监视着我们，给我们造成很大的精神压力。事实上，当我们在和朋友、兄弟、同事们的交谈过程中，这种心理压力就很自然地消散了。当我们敞开心扉与别人交谈之际，这些精神重负会在不经意间不翼而飞。我们将会发现，别人有时候也会愤怒，也会有反常的情欲冲动。当发现大家都有这种相同的心理体验时，我们就会变得释然了。

从理论上来说，宗教诉诸仁爱和宽厚的上帝，以求得到心灵的宁静，但事实上绝非如此。世界上的宗教除了佛教之外，大多存有报复和惩罚的观念。宗教主张对人进行惩罚的同时，就强加给了我们一种异样的道德感，使我们变得更为懦弱。我们就像是一个小孩子一样，被愤怒的父亲带到神像前，怀着恐惧的心情去完成复杂的宗教仪式。

我们应当消灭这种恐惧，应该正确地看待自己。当然，我们像其他任何人一样，并不是淘气的孩子，也不是毫无瑕疵的天使，我们只是成熟的男人或女人，谁都不是完人，都有着这样或那样的缺陷。

著名作家爱默生曾说过："上帝在造物时，给每个事物都留下了一个缺陷。"这句话让我们感觉到了自身的不足和谦卑，但同时也使得我们备受鼓励。我们确信，人类勇敢地用沙哑的声音唱出并不完美的颂歌，以此来感谢上帝赐予我们的爱。而这种音乐将是最悦耳、最动听的。

第三章 首先要学会正确地爱自己

我们常常被教导着：“要像爱自己一样爱你的邻人。”对这句话做出这样的解释也许更恰当：“首先应该学会正确地爱自己，这样才会爱你的邻人。”

一个人的心理和性格并不是天生的，而是人们不断追求和塑造的结果。自我并不是凝固的实体，不是从上帝那儿获得的完美之物。在自我成长的道路上，充满了艰难险阻，需要人们去努力地克服。自我若想变得成熟，就必须战胜幻想中的和现实中的各种妖魔。自我的实现是一个人终其一生的事业，只有在心脏停止跳动的最后一刻，我们才真正有资格谈论是否实现了自我。

我们常常被教导着：“要像爱自己一样爱你的邻人。”对这句话做出这样的解释也许更恰当：“首先应该学会正确地爱自己，这样才会爱你的邻人。”

每个人都对他人负有不可推卸的责任，宗教对这一点有着极为精辟的、深刻的认识。但是，当论及人们对自己的责任，宗教的看法却显得极为地幼稚。这真是一个极大的讽刺！宗教总在引导人们应该如何对待他人，如何与他人相处。这是应该加以引导的，但人天生就应该知道如何对待自己。这是宗教和伦理学极为荒谬的部分。

事实上，人们应该懂得，残忍无情地对待他人是极其不道德的行为；同样的道理，自暴自弃的悲剧性做法也同样是极其不道德的行为。

爱与恨，通常看来似乎是针对他人的，但很多时候也是针对自己的。我们对自己的态度与对别人的态度对比起来，其复杂程度常常有过之而无不及，这是现代心理学的重大发现。我们常常被教导："要像爱自己一样爱你的邻人。"如果将这句话做出这样的解释也许更恰当："首先应该学会正确地爱自己，这样才会真正地爱你的邻人。"

爱自己并不是一种自私

有一位上流社会的贵妇人给一个著名的社会工作者写信，说她想加入到社工义务中，一道救助纽约的贫困孩子。这位贵妇人在信中占了很大的篇幅来谈自己身上的许多不足之处，最后她说："也许只有热情洋溢地投入到慈善事业中去，才可以弥补我的过失。"

读完了她的来信，那位社会工作者给她作了一个简单的答复："你的缺点也许不同寻常，甚至显得伟大。你可以自由地去看望和慰问这些孩子们，不过考虑你自身的情绪也许会给孩子们带来不利的影响。我建议你首先要学会更爱你自己，免得你的关心产生适得其反的效果。”

听到这种观点之后，道德学家和宗教领域的许多权威专家也许会勃然大怒：“要人们去更加爱自己？这是在宣扬极端自私的道德观念，这是非常危险的。人们对自己已经爱得够多的了，应该告诉他们，爱自己是邪恶的，应该加以克制。人们应该忘记自我，无私奉献。”

对利己行为加以谴责，同时高度宣扬无私奉献，这是宗教的传统态度。诚然，宗教提出的目标是非常宝贵的，但它对人类本性的理解却存在着偏见。我们天生就会爱自己吗？事实上并非如此。人类也许想对自己好一点，但在朝着这个目标努力的过程中却容易误入歧途，变得非常地不理智。我们对自己的态度与对他人的态度相比，常常更苛刻、更狂热、更具有报复性。自杀、自残、酗酒、吸毒、性放纵，这些都是可悲的例证，不过后面三种自我堕落行为常常更微妙，更难以觉察出来。

并非只有弱者和精神病患者才有这种自我憎恨的行为。美国杰出的随笔作家约翰·查普曼就强烈地憎恶自己，这种感觉使他深感苦恼。在与一个不速之客争吵后，他将手伸进了火中。结果，手被严重烧伤，最后只好截肢。荷兰著名画家凡·高也因为类似的原因割掉了自己的耳朵。另一个有名的画家因为自己做了一件不道德的事，竟然跳进了沸腾的开水中。当然，这些都是一些极端的例证。但在普通人的日常生活中，残暴地对待自己的情况也屡见不鲜，只不过没有那么严重罢了。

自我伤害对我们自己来说是不道德的，对社会来说也是一种罪过。一个人倘若憎恨自己，不能够充分肯定自己的才能、力量和同情心，也就不可能真正地去尊重别人。一个人如果憎恶自己，就会破坏自己本身具有的美好品质。当他在他的兄弟身上发现自己从前的影子时，他在内心深处便会对他的兄弟怀有难以名状的仇恨。所以，爱自己是一个社会成员所具有的心理基础，是建立和谐友好社会的前提。

试图重建心灵的宁静，也得学会先爱自己。爱自己并非意味着一个人要自我沉溺，爱慕虚荣，或者自我炫耀。我只是想强调，要创造一种美好的，合乎道德的生活，学会自我尊重是先决条件。“一个人在社会交往中，要学会爱自己，学会尊重自己。”从更深层的意义上来说，我们必须首先与自身形成一种良好的内在关系，这样才有可能与他人形成良好的人际关系。

现代心理学研究证明，我们难以保持心灵上的宁静，原因之一就是我们不知道自己该如何与自己友好地相处，进而也不知道如何与他人友好地相处。心理学家早已揭示了错误的自我溺爱和破坏性的自我憎恶的深层次原因。借助心理学的研究成果，宗教也会弄明白真正的自我尊重意味着什么。

如何做到真正的自爱？宗教一直在理论上探讨这个问题。它总是在宣扬每个人的独特价值和人性的尊严，但在如何实现每个人的独特价值和人性尊严时，宗教却显得无能为力。精神病医院里面有许多的极端分子，其中一些不惜对自己的身体自伤自残。

当我们走在大街上，看到的各色人中，他们的精神健康也不怎样：他们自我埋怨，自甘堕落，把自己的精神世界弄得支离破碎。人格的发展是一个充满矛盾的演变过程，心理学发现了其中的规律。我们应该从心理学中吸收这些成果，好好地研究一下人们对自身的错误态度究竟持有什么看法。

自我实现是一项终身事业

自我的发展过程就像是一个浪漫的故事，充满了传奇的色彩，引人入胜。在自我的发展过程中，人们有时候表现出一种英雄的形象，有时候却像是一个十足的恶棍。这个过程中潜藏着很多的危险和失败，要平安地度过这个过程，人们就需要足够的勇气。要想使自己变得成熟起来，就必须走一条漫长的道路，其中有危险、障碍和误解。如果认为自我是一生下来就有的，或是被上天安排好的，不可变通的，这是最大的荒谬。

一个人的心理和性格并不是天生的，而是人们不断追求和塑造的结果。自我并不是一成不变的，不是从上帝那儿获得的完美之物。在自我成长的道路上，充满了艰难险阻，需要人们去努力地克服。自我若想变得成熟，就必须战胜幻想中的和现实中的各种妖魔。自我的实现是一个人终其一生的事业。只有在心脏停止跳动的最后一刻，我们才能真正有资格谈论是否实现了自我。

在自我开始成长之时，我们面临的是熙熙攘攘的世界，仿佛一切都显得杂乱无序，模糊不清。当我们听到温柔的声音，我们会感到宽慰；听到嘈杂的声音，我们会感到恐惧。但后来，我们会逐渐地学会去适应这个变化无常的世界。我们揣着一颗不安的心灵，我们努力地从生活中寻找一种秩序，赋予生活某种意义。我们的情感世界极其脆弱，无所庇护。成人世界中如闪电般震撼人心的紧张心理，我们也能够感受到。

我们逐渐地适应了陌生的孩童世界，但在未知的领域里仍旧潜藏着许多的危险。奇怪的情感飓风冲击着我们的内心世界，就像是秋风扫落叶一般。随着兄弟姐妹的出生，我们再也不可能一个人独享父母的疼爱，于是，潜藏在内心深处的嫉妒也如魔鬼般苏醒了，我们企图独占双亲的关爱。恐惧和愤怒、不安和痛苦，这些情感也给成长的岁月抹上了一层阴影。

一旦我们能够安然地走过婴幼儿时期，我们接着还必须前行，走进一个陌生的世界——学校。学校这个小小的世界很精彩，也充满了无奈。在这里，我们必须与同学们激励竞争，我们会遇到各种难以对付的考验，还有青春期的困扰以及其他大大小小的失败。所有这些都会在某种程度上破坏青春的美好，引诱着我们走向人生的歧途，使自己在各方面都不能得到充分的发展。我们想退回到儿童的心理水平，保持孩童时期的行为方式，这样便可以得到他人更多的保护。

在少儿时代，我们总是备受疼爱，不用考虑竞争的压力，一切都随心所欲，青年人有时候也希望退回到儿童时代，过那种无忧无虑的生活，但这是不可能的。在人生的每一个新阶段，我们都必须从熟悉的过去走出来，重新适应新的生活。在这个过程中，人们必须承受巨大的精神上和情感上的冲击。

随着时间的流逝，我们长大成人，再也没有小孩子率性而为的特权了，我们意识到必须调整自己以适应这个社会，必须正确地看待特权的失去。我们面对的是同龄人之间的竞争，我们懂得了洒脱地与他人相处，互相帮助，互相学习。面对那些冲突和突如其来的打击，我们不会为之惶惶不安。我们知道，人生是没有回头路可以走的，因而只能一往无前。

幼稚行为的心理基础

在人生逐渐地走向成熟的过程中，很多人却掉进了陷阱而不能自拔。很多人终其一生都摆脱不了那种幼稚的行为方式，他们在这种不成熟的心理水平上停滞不前。家庭的不和甚至破裂，父母对他们的遗弃，以及由于身体缺陷所遭受的歧视，这些都会将自我以及人格的发展引上歧途。我们不再理智地爱戴自己，而是病态地抛弃了自我，这反过来又导致了极端的自我中心主义。这种病态的心理是一种对自我的崇拜，它是从蔑视自我的心理发展而来的，但其中仍旧保留着自我蔑视的某种伤痕。

在这儿可以用大家生活中常见的事例来说明这一论点。有一个小男孩渴望得到父母的爱，但他却发现这个出自于本能的愿望严重受挫。他的父母感情不好，甚至成了仇人，他们将自己的孩子视为阻挡其个人自由的绊脚石，对他充满了憎恶。这个小男孩被父母遗弃后，感到自己活得毫无价值。于是将所有爱的欲望都转嫁到了自己的身上，他像想象中父母爱孩子那样地爱自己，企图以此来求得某种补偿。

这个男孩如斯蒂斯·凯一样将自己禁锢在自我溺爱的世界中，不懂得如何去爱别人和如何去接受别人给他的爱。这种自恋情结不是正常的和健康的自爱，它是因为遭到抛弃才产生的，是经过伪装后产生的自卑感。

罗伯特·琳达纳博士曾经出版过一本书，书名叫做《没有原因的反叛》。在这本书中，他研究了一个罪犯的犯罪背景，这是一个只有23岁的年轻罪犯。为了探究其犯罪的心理动机，他试图从罪犯儿时的心理倾向中发现问题。他发现，这个男孩的父亲是个虐待狂，他的母亲却没有足够的能力去保护自己。这种生活环境对他的人格发展产生了很大的影响。

长大之后，他感觉到这个世界并不存在真正的感情，要从这个可恶的世界中获得一些有益的事物，唯一的方法便是从这个环境中逃逸。他感觉到自己是孤独的，世界是充满敌意的，所有的人不是陌生人就是敌人。最后，通过心理医生的精心疏导，他终于走出了儿时的不良环境给他留下的心理阴影，变得开朗起来，与人为善，并学会了如何去帮助他人，如何接受他人的帮助。

怀有自恋情结的人极度地爱自己。他们将自己囚禁在一个封闭的小天地中，四周所有的窗户都被关闭，换成了只能照见自我的镜子。

小说家斯蒂芬·伯纳特在《约翰·布朗的身体》中描写了自恋者璐茜的悲剧性故事。她是美国南方的一个美女，她的自恋情结可谓病入膏肓，她拒绝结婚，厌恶别人占有她的身体。她站在镜子面前，向镜子中的自己袒露心迹：

心上人呀，我爱你。

我爱你，我的宝贝儿。

我是最爱你的，不是吗？宝贝。

世界上只有璐茜最了解你是多么的温柔。

你不能结婚，我的心上人，

你不能将我抛弃。
我们在一起总是这样的美好，
难道不是吗？宝贝。

我们将伴着美妙的旋律，
与情人们翩翩起舞，
但你不能离开我，宝贝，
我不能没有你。
你不能抛弃我，去另寻新欢。

璐茜的这种自恋情结看起来是无比地爱自己，实际上却并非如此。她完全是自我沉溺，并非是在尊重自己。斯蒂森·凯和上面小说中的璐茜都是自我发展受阻的典型例证，她们并不是真正的自爱和自信。斯蒂森·凯总感觉自己是无价值的，这种观念根深蒂固。璐茜则是不敢去面对现实，设想着一个可爱的、虚幻的自我，寄情于她，唯恐失去。

希尔德博士在他的《人类的目标和欲望》一书中指出，这些自恋者的人际关系是扭曲的，不正常的。她们只希望从别人那儿得到爱和赞美，只有从别人那里获得赞许，他们才会对自己感到满意。

过分地以自我为中心的人常常会给自己带来惩罚性的后果。将精力集中在自我的身上，习惯于在自我吹嘘的白日梦里面得到情感发泄，放弃了正常人的人生追求和对外界事物的热爱，这常常会造成事业上的失败和悲惨的结局。他们的精神世界到处是寄生虫，仿佛只有不断地吸取爱的养料，才会感到满足。

他们总是感到没有精神支柱，需要别的力量来支撑，这在成熟的人看来是难以想象的。如果患上了这种精神上的幼稚病，他们的婚姻将会破裂。无论是在事业上还是在社会中，他们都不能与别人友好相处。更有甚者，他们会失去最坚强可靠的情感——对子女的爱。

在自我走向成熟的过程中，存在着许许多多的诱惑，我们很容易因此而放松警惕，毁了自己的一生。人们为什么会残忍地对待自己呢？原因之一便是他就是他自己，与自己最为接近，也最容易成为自己的攻击对象。别人只是在有时候会成为攻击的目标，但是我们自己，即使是在睡眠中，也可以作为要攻克的城堡、要突破的要塞，要摧毁的敌人。

人们并非总是爱自己的，自杀便是人们不爱自己的一个最佳佐证。许多人在其一生中毁掉了他们的天赋，浪费了他们的精力，破坏了他们的创造性品质——而他们实际上都是在慢性自杀。事实上，和如何友好地对待他人相比，如何友好地对待自己是更难做到的事情。

著名作家司各特·菲茨杰拉德的慢性自杀便根源于对自我的误解，这是近二十多年来最为惨痛的悲剧之一。他是美国最为优秀的作家之一，才华横溢，生活上似乎也一帆风顺，安逸舒适。但一种非理性的恐惧和自我怀疑一直折磨着他。他浪费了生命中最美好的时光，著述甚少，在自我憎恨中度过了自己的一生。

自卑感是对自我的憎恨

对自身的蔑视和残忍可以有许多不同的表现方式。自卑感便是最常见对自我的憎恨的一种方式。在生活中，很多人缺少某种能力，却认为他人都具备这种能力，这是人们经常具有的心理现象。我们当中很多人会因此而感到自卑，与自己过不去，轻视自己，这是许多悲剧的根源所在。

我们希望能够像他人那样去生活，买相同的衣物，相同的家具，像他们一样地说话、做事。我们将自我置于别人的人格之下，鞭笞自己的灵魂，批判自己。无限地夸大别人的能力，这种夸大又反过来映衬了自己的渺小，这无疑是伤害自己的致命武器。我们会觉得自己的人格极不完美，有着各式各样的缺点和不足，而别人却完美无缺，显得沉着和自信。这种感觉是极其荒谬的。

我们应该坚信，别人的内心世界同样地残留着过去失败所留下的伤疤。明白了这一点，我们就不会将自己破裂的伤口看得那么严重了。

将自己的能力看得过低，这在生活中并不罕见。有这样一个女孩子，觉得自己万事不如别人，觉得自己配不上幸福的爱情，并为此感到深深地自卑。有很多的男士向她求婚，她都置之不理。本来，她有着良好的品格，受人尊敬，应该拥有一个美满的婚姻，但结果却是将生活搞得一塌糊涂，人们对她的看法也变坏了。

生活中类似的事例比比皆是：商人们认为自己是注定要失败的，不敢抓住机会去扩大经营的规模；专业的技术员认为他的能力和灵性要比同事的稍逊一筹；成绩优异的学生为大学里的考试而惶恐不安；年轻的女孩迷人可爱，但与邻居家的女孩相比之后，却对自己的社交能力产生怀疑。所有的这些人，本来是极为优秀的，但心里面却看不起自己。他们的内心焦躁不安，在生活中没有自己的主见，用别人的标准衡量自己，直到将自己的信心完全抹杀。

很多人沉醉在自卑感的迷雾中。对此，我想提醒的是：别人并不以你看待自己的眼光打量你。实际上，你是坚强的、睿智的、成功的。在你平凡的日子里，你创造了不平凡的生活。你拥有幸福的家庭，蒸蒸日上的事业和较高的声望。你受到别人的尊敬和热爱，而你自己却戴上了有色的眼睛，透过茶色的镜片来看待自己，这难道不是很可悲吗？

你对自己的看法是不正确的！摘掉有色眼镜，变得成熟起来，像周围的人一样去承担自己的责任，投身到自己热爱的事业中去吧！要认识到，你有足够的能力去应对一切挑战，你比你自己想象的更加的优秀，更为成功，更有自信，更富有主见和创造力。

这些模糊不清的焦虑和对自己的错误看法，会以各种方式表现出来，这里便有一个真实的例子。一个小孩子的父亲去世了，但这个孩子却不能正确地理解他父亲的死亡，心存疑虑，最后他认为是他的父亲抛弃了他，逃跑了。这个男孩子长大后，就怀有一种莫名的恐惧感，他害怕被朋友、被老板和被社会抛弃。这个男孩没理解，他的父亲并不是情愿舍他而去的。但在他的潜意识中却根植了这样的信念，是父亲不再爱他了，将他遗弃了。

人们是如何地将自我扭曲的呢？如果我们稍微敏锐一些的话，便会发现更多的心理根源。有一个如孩子般幼稚的人曾说，他受到的尊重和喜爱是有条件的。他觉得，只有按照父母的期望去行事，才是合理的。由于没有发自内心的信念，总是依靠外在的标准，结果他可能会变成一个冷漠的大商人，一个无情的创业者，因为只有获得更多的金钱才能抵消他心底深处的惴惴不安。

一个女子，在她小时候总是依赖别人，从没学习过自立，她此后的生活就变得极为惨淡，婚姻不断地出现问题，因为她总是企图得到一个一劳永逸的救助者、庇护者，希望自己的生活会出现奇迹。

通常，唐·璜被认为是伟大情人的典型，如果不对他进行深刻地研究，觉得好像就是这样的。但事实上，唐·璜未曾真正的爱过一个女人，也未曾被人真正地爱过。他在情场上不断地征服女人，这样做只不过是在极力地去掩盖一个事实——他并没有爱的能力，或者说，他只是努力地想证明自己的能力，让自己相信可以获得爱。他不断地逃离，又去不断地追求，他在不间断的逃离和追求中度过了他的一生——他追求转瞬即逝的爱，但他并不相信存在过真正的爱，他只能逃离。

我们对待自身的错误态度是如何形成的呢？我们是怎样的一个人呢？我们又该成为什么样的人呢？对于后两个问题所形成的错误认识又是怎样阻碍我们进一步地发展的呢？我们应该运用足够的智慧去弄清楚这些至关重要的问题。很多人认为，将自己圈在自我的圈子里，只关心自己，不顾及他人，这是在爱自己。

我们不是极端地轻视自己的能力和品行，就是陷入自我中心主义，深受其害还不自知。自恋和自我憎恨都称不上是真正的自爱。只有当我们远离了这些病态的自爱，才可以培养出一个健全的人格，才能保证内心的和谐，才能与它们友好相处。我们在逐步地学会如何去正确的爱自己。这样的自爱有着丰富的人生意义，但这首先要尊重自我。而要学会尊重自己，我们就必须抛弃那些不成熟的观念，坦然地接受自我。

放弃是为了得到

鱼和熊掌不能兼得。为了能够更好地实现我们的目标，得到真正想要得到的东西，我们必须学会适当地放弃另外的一些目标和追求，如此才能获得心灵的宁静。在儿童时期，我们是按照快乐的原则生活的。

对于我们的愿望，父母总是尽量予以满足。当我们哭时，会马上得到食物；当我们感到害怕时，会得到安慰和保护；当我们生病时，会得到照料和治疗。父母关心我们是否感到舒适，只要我们大哭，他们会马上跑过来安慰我们，并按照我们的意志行事。在小时候，我们并不懂得自我克制的必要性。幼小的心灵只想着马上满足自己的需要，并不懂得推迟满足或者克制这种欲望。等他们长大后才明白，在人生的各个阶段，我们需要对事物进行权衡比较，然后做出适当的取舍。

乔治·桑塔亚纳惊奇地发现，在日常生活中，人们在善恶之间进行选择，远不如在二者兼有的情况下选择那般艰难。比如，一个人希望发展创造性的组织才能，或者去当一个莎士比亚剧作中的演员，或者是去做一个牧师。很显然，他不可能同时都能做到这些。在现实生活中，两种期望也许是并不相容的，但我们必须在两者之间做出明智的选择。

在人生的幼儿阶段，我们并不懂得这一点。在一个年轻人看来，他们想象中的职业似乎都可以在将来试一试。如果要他们进行选择，就会感到犹豫不决。一个人要想有所建树，就必须放弃那些自己想去尝试的大部分职业，专心于最适合自己的职业。

对于情感问题也是这样。对很多年轻人来说，不断地变换爱的对象也许无伤大雅，但在如今一夫一妻制的社会中，如果成年人也如少年人那样多情善变，忘却自己对家庭的责任，就会酿成悲剧性的后果。

时光是不可逆转的，我们不可能再回到少年时代、童年时代。如果成年男子还企图像小男孩那样开心快乐，成年女子还希望像小女孩那样无忧无虑，那么可以说他们都患上了某种幼稚病，他们是伤感的一族，幻想着时光能够倒流。他们并不明白，许多的愿望对人生早期来说是催人奋进的，在以后的年龄段中就有些不合时宜了，而应该加以摒弃。要想步入人生的新阶段，我们必须告别过去的生活，这样才能打开新生活的大门，从而让自己的爱变得成熟起来，实现自己的人生愿望。

一个人应该明白做哪些事情适合自己的当前身份，而哪些事情是不适合的。这样的话，他才能做到真正地尊重自己。长大成人后，他应该承担自己的责任和义务。他会选择自己的爱情、职业、喜好，在做出这样的选择以后，就应该努力地在既定的条件下发挥自己的才智，实现既定的人生抱负。

“我不再是一个与他人无关的独立原子。”一个人不但要有勇气这么说，而且应把这种思想扎根于内心的最深处，时刻提醒：“我所做的一切，会深深地影响他人。”

要抛弃过去的观念是非常令人痛苦的。年轻时候的我们常常会固执地沉迷于自己的想象，崇拜神秘的英雄人物。我们在幻想中将自己标榜为情场高手、伟大的英雄，或是著名的科学家，我们希望自己今后步入他们的行列。我们在这样的白日梦里寻找安慰，从而让自己免受现实的伤害。但是在可能和现实之间是存在鸿沟的，企图越过这道鸿沟，去实现年少时的空想，这不仅是危险的，也多半是徒劳无益的。

此外，我们不该向我们的孩子、朋友和爱人苛求太多。我们应该具有宽容的胸怀，像诗人卡尔·桑德堡所说的那样：“松开你的手，随他们去吧！”对于那些不可能实现的愿望，我们不可以心口不一地随便说说，而是应该发自肺腑地大声说“不”！我们应该清醒地认识到这种放弃意味着什么，进而从自身寻找新的力量，奋力前行。

我们应该注意到的是，在放弃和压抑之间是存在着原则性的区别的。一个人如果压抑他的所有欲望和梦想，以为它们根本不可能实现，那么他就可能走向一条悲剧性的人生道路。敢于大胆放弃的人并不是悲观的，他们很清楚地认识到了，那些欲望根本是不可能实现的，没有任何价值的，在放弃之后，他们的内心会变得更加坚强有力。他们敢直面人生，也清楚地知道自己为什么会选择放弃。

“我很清楚自己的内心仍然存在很多的不成熟观念，如果我放弃了成人的生活模式，我将会破坏自己和他人的生活。为了长久永恒的幸福，我宁愿放弃这些暂时的诱惑。”倘若一个人能够这样对自己说，那么他便懂得了勇敢的放弃也是一种难得的人生智慧，就不会觉得是在压抑自己。我们直面人生中的诱惑并能放弃它们，坚信只有这样才能实现永恒和真正的幸福，这样的话，我们便不会再感到内心的冲突和精神上的重负。

科学家们不计名利地将自己奉献于对真知的探索中；还有很多坚强的殉道者，他们面对反动势力的迫害不为所动，坚持着他们的信念；许多理想主义者，不顾他人的愤怒，坚守着自己的道德情操。这些人能够勇敢地为了一个清晰的目标而放弃其他的东西，他们的背后都蕴含着巨大的创造性力量。

他们深知：人活着，并不只是为了稍纵即逝的快活，而是为了追求人生中的永恒价值。正是这些永恒价值保持着人性的尊严和心灵的宁静。

勇敢地接受自己

要学会尊重自己，另一个重要的方法便是接受自己——不仅要接受自己的优点，也要接受自己的缺点。我们当中的绝大多数人对自己都有着双重的看法，在他们的想象中，两个不同的房间内挂有两幅不同的肖像。一个房间内的画像是用浓重的水墨画成的，全部表现为优秀的品质，没有任何阴影。另外一个房间内挂的全是帆布画，画像稀奇古怪，就像是雅利安人的涂鸦之作，画面阴暗沉重，令人窒息。

我们不能将这两幅画像隔离起来，片面地看待自己，而是需要将其放在一起综合考虑，然后合二为一。我们在意气风发之时，往往不敢去正视自己内心的愧疚、仇恨和羞辱；在丧失斗志之际，却又不敢相信自己拥有的优点和取得的成就。

我们应该画出自己的新画像；我们应该实事求是地接受自己、了解自己，我们所做的一切都不是十全十美的。很多人常常会过分严格地要求自己，凡事都希望完美无缺，妄图和上帝一样无瑕，这是十分愚蠢的想法。我们每个人都是一个综合体，在我们的身上都有暴君、批评家和勇士的某些性格特征。有时候我们希望支配他人、算计他人，对别人的痛苦采取幸灾乐祸的态度，但这些恶劣的品行是能够也是必须服从于人格中善的一面的。

有些人因为自己在某些时候产生消极的情绪或破坏性的感情，就觉得自己是邪恶的，于是一蹶不振，自暴自弃，这很可惜。我们应该明白的是，少许的性格缺陷并不能说明我们就是不受尊敬的人。巴克尔曾经告诫人类说，以少数几个不受尊敬的人为例来看他们隶属的整个种族，这种狭隘的看法是极其危险的，我们应该摒弃这种做法。我们对自己、对别人都具有攻击性，怀有仇恨，这些情感都是人性的一部分，但我们不必因此就讨厌自己，认为自己就是社会的弃儿。意识到这一点，我们就能够在精神上获得超脱和自由。

如果能够轻松地接受自己身上的缺点，我们就不必戴着面具去生活了。我们会真正成为自己本身！道德上的过于自负及苛刻的自我要求，都是我们内心的巨大敌人。我们要学会经常地宽恕自己，要明白我们并非天使那样纯洁无瑕，倘若能认识到这一点，我们才能保持内心的平静。

这是一个多元化的世界，它由多个民族、多样文明和多种价值观所构成。事实就是这样的，要深刻地认识到这一点也并不困难。在美国，我们为这种多元性而欢欣鼓舞，正是这种多元性使我们的生活变得丰富多彩。我们对待自己也应该采取这种多元主义的态度。在现实生活中，人会有各种各样的心境、品质和情感，我们应该为之欢喜才是。

苏格兰作家史蒂文森曾经说："世界是如此的丰富多彩，我们就像幸福王国的国王一样幸福快乐。"这句话虽然夹杂着孩子般的天真烂漫，但如果采取我前面所阐述的态度去感悟这句话，便可以深刻地领悟到它的内涵。

当然，要想形成这种面对生活的乐观态度是不大可能一蹴而就的。我们的进步是缓慢的、渐进的，有时候甚至让人灰心丧气。纽约的一位精神病医生曾经遇到过一位病人，这个病人酒精中毒，为此已经治疗了两年多的时间。

有一天，病人再次来看医生，要医生为他进行心理治疗。病人伤感地告诉医生说，前几天他刚刚被解雇了。当心理治疗结束后，病人又对医生说："大夫，如果这件事发生在一年前，我是难以承受的。我想我本来应该做得更好，避免此类事情的发生，但却未能做到，为此我会去酗酒。说实话，昨天晚上我还这么想呢。但现在我明白了，既然事情已经发生了，就应该正视它，坦然地接受它。失败和成功其实是一回事，都是人生中难得的经历，是我们人生中不可避免的一部分。"

这位精神病医生认为，病人能够对自己如此的宽宏大量是一个了不起的进步。正如医生所预测的那样，此后，在另外一个工作领域，这个患者取得了令人羡慕的成就。如果人们能够坦然地接受生活的全部，那么不论是成功还是失败，都不可能使他为之所动。

如果我们对自己也采取一种多元主义的态度，我们就会正确地看待自己所具有的各种不良心境。沮丧、冷酷、固执……这些都只是短暂的情绪，是人所具有的诸多情绪之一。要求自己完美无缺，怀有这种想法的人往往是极其脆弱的，他们常常会因为过分的自责而感到悲观。作为多元主义者，我们有时候可以将自己想象得更好一些，就是将自己想象得差一些也是无妨的，我们不必苛求自己毫无瑕疵。

每个人的性格中都有引起失败的因素，也有导致成功的因素。我们应该具有自知之明，把这两方面都看做是人性的固有成分，接受它们，进而努力地发挥人性中的优点。

引导人们学会正确地自爱，这是任何明智的宗教都应该关心的问题。只要人类对自身的态度是错误的，他们就不可能正确地对待他人。如果人人都不喜欢自己，却又要求他们人人都像爱自己一样去爱别人，这又从何谈起呢？

人性中含蕴着爱的无限潜能

西方的大多数宗教过分地美化了人性，这给我们造成了极大的精神压力。与其他人沟通而寻求一致，使自己不至于太孤单，这是人性的深层次需求。宗教极力地对人性进行美化，是为了寻求这种一致，我们就力求达到那个虚假的、不切实际的理想目标。我们不敢正视人性，这种做法实际上是在自欺欺人。理想与现实之间的差距是造成人们对自身不满的重要原因之一。只有解决掉理想与现实之间的冲突，人们的心灵才会重归宁静。

我们应该深信，在每一个人身上都具有独特的潜能，但社会却常常扼杀人们的个性，压制了人的独特潜能的发挥。宗教常常将虚幻的、美化了的人性强加给人类，还要求人类发挥这种人性。这就像是古代中国的妇女，她们从小被裹脚布摧残身体一样，是对精神的残酷压迫和无情摧毁。我们必须用毕生的力量来反抗这种精神上的奴役和压制。

人自诞生起就具有无限的潜能，对此我们应该笃信不移。只要加以正确的引导，人们可以完成任何艰巨的任务，在爱情和事业上获得双丰收。但是，要想将潜能转化为现实的力量，我们必须从既定的文化成果中汲取精神养料。在这个文化适应的过程中，事情就不会如我们想象的那样顺利。

实际上，每个人独有的能力和倾向并没有得到应有的理解和尊重。生活中，我们常常看到这样的情况：小孩子因为喜欢刨根问底，凡事总是问个为什么而受到母亲的责备；因为去花岗岩采石场游玩探险，回来太晚，而挨了父亲的打；因为上课乱涂鸦而不去背数学公式，放学后被老师留下来。有太多的外在限制需要遵从，我们因此也被磨掉了自己的个性和自我，成为一个被称赞的“良民”。

人一来到这个世界，他的潜能就在处处受阻，得不到发挥。社会给他灌输了严格的行为模式和思维模式，他通常并没有机会表达真正的自我。

当然，上述这些被称为教育工作者的父母和老师并非是有意地阻挡孩子们的健康发展，而是他们自认为自己这样做是对孩子负责。在社会中，只有那些坚持自我个性的人才会取得人生的真正成功。为此，他必须付出高昂的代价。在英国的公立学校里，是培养不出像雪莱这样的天才诗人的。

曾经有一个年轻的口吃者，为了进行心理治疗徒步从芝加哥走到了纽约。尽管他们这类人为追求自我和发展个性付出了高昂的代价，但他们知道自己是怎样的人，知道自己能成为怎样的人，他们毫无埋怨地坚持自己的信念，在常人无法忍受的磨难中仍旧不忘追求自我。

不一定是天才或者圣人才会发现自我。意识到这一点将有助于我们保持内心的平静。只要我们坚信如下两条箴言便已足够：

第一，要尊重自己；

第二，要相信自己。

尊重你自己，就要坦然地接受你的缺点和成就；同时，要相信自己就必须控制性格中的不良倾向，保持内心的庄重和宽容，在行动时才能大胆自信。只要我们认识自我、相信自我，我们就不会再像别人那样轻视自己，从而做到既不狂妄自大，也不妄自菲薄。这样，我们便能走向真正的自爱之路。

第四章 人类对爱的无限渴求

人生最大的快乐源于被他人认可，也就是说，我们能得到他人的赏识，心中不再感到孤独，这便是快乐的源泉。

精神分析学派的奠基者弗洛伊德曾说："人类内在的进攻性和自我毁灭性的本能会导致生活的混乱和无序，人能否克服这种混乱和无序，是关乎人类命运的重大问题。人类已经将内在的征服欲发挥到登峰造极的地步，如果沿着这条道路继续走下去的话，人类会很容易毁灭自己。人类非常明白自己的处境，他们对此感到不安、沮丧和恐惧。现在，我们希望那永恒的爱能将自身的全部力量展现出来，去与它永恒的对手——恨——作不懈的斗争。"

人生最大的快乐源自于被他人认可，也就是说，我们能得到他人的赏识，心中不再感到孤独，这便是快乐的源泉。

"你要像爱你自己一样爱你的邻人。"这句神圣的训诫要求人们待人温和，它在人际关系上播下一层柔和的光辉，颇为迷人。不过，这种态度与《圣经》中其他更为消极的看法是不一致的。

宗教用仁爱的双手，高举着仁爱的大旗，在风雨如晦的黑暗与恐惧中引导着人类前行。在纷乱不已的人类社会中高谈仁爱也许是一件荒唐的事情，但也并非是徒劳无益的。在人性迷失，道德崩溃的危险时刻，诸如席勒、培根、巴斯德和南丁格尔们站了出来，他们谴责邪恶，警示人类——我们每个人的人性中都有独一无二的爱的力量，我们应该去爱自己的人类同胞，这是人类值得敬佩的行为。

毋庸置疑，在当今社会，个人主义的思潮已经成为一种主流意识，它对宗教宣扬的仁爱精神构成了一定程度的威胁。政治和经济是人类社会生活的主要领域，在这些领域当中，我们却接受了如下的观念：人是相互隔离的原子，是不受他人影响的。

依照这种理论，人是自给自足的，能够从自身的能力中获取各种所需，不需要从别人那儿到得什么。资本主义信奉的是“人不为己，天诛地灭”，“物竞天择，适者生存”的犬儒主义。在生存竞争中，似乎只有通过残酷无情的斗争才能生存下去，我们唯一可以依靠的力量就是我们自己。为了安慰我们，这种理论还推论出，个人幸福的总和便是社会幸福，只要我们每个人都只关心我们个人的幸福，那么就会迎来整个社会的幸福，这似乎是不言而喻的道理。

倘若撇开这种观点的残酷和无情不谈，它也是一种错误的看法。它是过时的、无益的、不可信的、不真实的。在最近几十年内，政治学和经济学对赤裸裸的个人主义（伍德布里奇称之为“竞争性的自我主义”）发起了猛烈的批判。也有很多的哲学家指出了这种观点的错误。在当代，对这个问题的看法可以这样表述："就像是人离开了呼吸就无法生存一样，个人是无法脱离社会而独处的；可见，生活并不是一个人的事情。"

人与人之间的相互依赖

人类社会所具有的博爱精神，对社会中的个人生存是至关重要的。在我看来，爱意味着尊重他人，将自己的命运与他人的命运联系在一起，个人从属于群体，每个人的存在对他人来说都是有价值的。在一个充满敌意的世界中，人们会感到孤独无助，而这正是人类感到焦虑的真正原因。在生命的历程中，我们第一个基本的心理冲动便是与我们的周围世界形成一种固定的人际关系。首先是与父母形成固定的关系，随着年龄的增长和生活环境的变化，我们接着与爱人、与朋友、与同事形成了固定的人际关系。

事实上，科学上的新发现告诉我们，只有用联系的观点才能理解这个世界。将事物隔离起来，孤立地看待这个世界，是无法正确地理解万事万物的。物理学中的原子也只是在一定的组织结构中才显示其意义。比如，碳原子以一定的方式相互联系起来是木炭；而以另一种方式联系起来，则是金刚石。

无论我们走进哪个学科的实验室，我们都会发现，万事万物都处于相互联系之中，绝对孤立的事物是不可能存在的。原子正是通过各种形式的联系才形成了丰富的自然界。一个孤独的、与世隔绝的人，会破坏既有的价值标准。人只有处在相互联系中，才具有巨大的建设性力量，才会带来个人内心的宁静和社会环境的安定。

在个人和社会的关系问题上，人类已经认识到，不是个人创造了社会，而是社会造就了个人，这是一个巨大的进步。18世纪的思想家们认为，人一出生，就被赋予了既定的心灵世界，人的思想是天生的。凭着这种天生的能力，个人参与到各种社会关系中去。而约翰·杜威和乔治·赫伯特·米德批判了这种观点的荒谬之处。他们认为，人的性格是具有可塑性的，社会的语言文化和人们之间的交往影响并决定了我们的思想观念。

人与人之间的互相依赖并不是宗教所要追求的理想，而是人类生存的活生生的现实。“你应该与你的邻人保持联系。”这是心理世界的一条规律。我们所遇到的大部分严重问题都是因为不能按照这条规律去生活而引起的。我们与周围的人处于互相的联系之中，理解到这一点，我们就会与家庭、朋友、同事，甚至我们自己相处得更好。

弗洛伊德及其后继者所进行的是革命性的、冷静的研究工作，他们的研究成果揭示了这样一条真理：我们的性格是在与他人的相互联系和交往中造就而成的。我们的思想、个性及情感和整个价值体系，都在很大程度上受到他人的影响。对于前人和整个价值体系来说，我们只是这个世界的后来者。我们只有在他人的协助下，才能得到食物和保护，才能在心智上受到真正的启蒙，才能形成真正的自我。

人与人之间的相互模仿

我们会通过心理的作用，将自己想象成我们所崇拜的人，试图去模仿他们，在这个过程中我们就逐渐地养成了自己的个性。具体地说，我们在某种程度上像我们的父亲、母亲、兄弟姐妹以及叔舅、姨姑。与我们身边的人生活在一起，我们在心理就会不知不觉地受到周围人的行为方式、思维方式、思想态度的影响。

我们的心目中，都有自己的崇拜对象，受到他们生活方式的感染和影响，进而加以模仿，于是将他们的性格特点和情感方式转化到我们自己的身上。在地球上的所有生物中，人是最善于模仿的，也是最易于被他人同化的。人的这种模仿能力，既可以使人创造出辉煌的业绩，也可能给人生带来惨痛的悲剧。

大圣人和大罪人的言行总是在民间广为流传，而普通人是最易于被他们的话所吸引的。这样，任何圣人、罪人都以一种难以觉察的方式影响着他们未曾相识的人们。这一点是无需怀疑的。一个男孩子可能会从他的父亲身上学到刚强的气概，也有可能因为胆小怕事的母亲而变得很胆怯。

在文学作品中，这样的例子数不胜数。爱尔兰作家乔伊斯塑造的忒勒马科斯从他的父亲尤利西斯身上就继承到了一种英勇的气概，在父亲四处漫游之际，他保护了伊萨卡岛，使之免遭敌人的破坏。俄国作家果戈理在他的作品中描写了一个具有热忱的献身精神的人物塔拉斯·布尔巴，他的父亲也是一个热情、坚毅和富有同情心的人。

挪威作家易卜生在他的剧本《群鬼》中，描写了一个满怀恐惧感的母亲是如何地影响她的儿子的，她的儿子也变得懦弱，胆怯。从欧里皮德斯到奥尼尔，在每个戏剧家的作品中，都可以找到无数相互模仿和同化的例子。无论这种影响是好还是坏，它们都是客观存在的。现代心理学家证实了这些著名文学家的洞见，它表明了：我们会模仿别人，这种模仿会在我们的心理世界中留下深深的印痕，我们会把别人的性格因素化为自身的一部分。

人的模仿和同化是在潜移默化中进行的，从这个角度上来看，我们从未真正的孤独过。人是环境的产物，人们经常会将心目中的英雄人物拿来塑造自己，对于这一点，也许我们不太乐意接受。

我们并非自我封闭，自我创造的实体，它是一匹五颜六色的绸缎，我们要用自己一生的时间，在由其他许多人性格构成的织布机上将之编织而成。别人提供给我们砖块，我们用来建造起一座属于自己的人格大厦。

从乔治·贝克莱到伯兰特·罗素，近代的哲学家们大都认为人是孤立的生物，与它们的同类并没有真正的联系和交流。坚持这种看法会遇到许多不能解释的难题。弗洛伊德曾经坚决地否认人是孤立存在的，他赞成犹太先哲们的观念，认为人是相互联系，相互影响的，并使这个观念在当代心理学里得到继承和发展，并大放光彩。

父母、老师以及周围的其他人塑造着我们的灵魂，同样的道理，我们也在影响着他人的心理世界。我们的行动及性格也影响着周围的人们。孤立地谈论一件事物是善的还是恶的并没有多大的意义，最重要的是要揭示我们个性的整个结构。在我们影响力的范围内，我们的心境、姿态、语气影响着我们周围人的情感和态度。

由于模仿和同化的作用，我们深深地影响着他人，在他人身上留下了自己的影子。因此，我们应该意识到新的道德责任——因为我们的行为会影响他人，所以我们首先应该成为一个优秀的人，成为一个慷慨、仁爱、热情、坦诚和果断的人。

有一则谚语说的好，人是不可能提着自己的头发离开地面的。现代的心理学却告诉我们，只要我们具有爱心，刚毅而热情，我们就会取得令人满意的、坚实的进步。一些心理障碍会破坏我们与家人、邻居和朋友之间的良好交流。要取得上述进步，我们首先要做到的便是充分地理解这些心理障碍的性质并努力地去克服它们。

其中最大的心理障碍是那些假借爱的名义而出现的恨。

不要假借爱的名义去恨

今天的世界上充满了爱与恨的残酷斗争。二者之间的冲突严重地影响着国家和个人的正常生活，这种斗争有着深刻的影响力，对人类的命运有着决定性的作用。人类爱的力量和进攻性的破坏力之间演绎着激烈的斗争。

确实，在我们所处的现实的世界，人类之间的恨比人类之间的爱更为常见，也显得更为自然。战争中暴露出来的仇恨触目惊心，兄弟间的互相残杀令人发指，人类还经常地沉迷在群体性的暴力行为中，杀伤力极大的轰炸也时有发生。

这些发生在人类社会中的不争事实让我们不得不产生疑问，人类是否还具有博爱的精神。我们不仅眼睁睁地看着赤裸裸的仇恨在这个世界上横行肆虐，同时还发现在人与人之间还潜藏着无数的仇恨。只是由于它带着爱的假面具，我们通常难以觉察其真相罢了。

这种假借爱的名义去行使恨的现象在人类生活中比比皆是。西班牙宗教大法官托克马达认为，他热爱异端分子的不朽灵魂，在宗教裁判所用火刑将这些异端分子烧死，是为了让他们的灵魂升华。

在人类的历史上，这种令人发指的“仁爱”并不罕见。他们自以为自己是公正的、善良的、有道德的，他们将自己的观点强加于人（当然，他们总是在辩护说自己在做善事），他们打着仁爱的幌子，实际上却是在攻击别人，压制异己。父母们也总是像检察官一样监视着孩子们，他们强迫自己的孩子接受他们的权威，不允许他们争辩和独立思考。他们总是以教育的名义，将自己的恐惧和偏见强加给孩子，这实际上是虚荣心在作祟。

英国最著名的作家之一塞缪尔·巴特勒在他的半自传小说《众生之路》中给出了一个绝妙的例子，用来揭发这种虚伪的爱。父亲叫西奥波特，母亲叫克里斯蒂娜，他们都不想要自己的孩子。但是孩子还是生下来了，名叫欧里斯特。他们并不喜欢这个孩子，在他们的内心里，早已经将这个孩子遗弃了。他们严厉地要求孩子，仿佛是在爱他，但实际上却极其残忍地对待他，给这个孩子的心灵造成了莫大的伤害。

巴特勒对此做了惟妙惟肖的描述：这对父母并不承认他们不愿意承担自己的责任，并不承认自己是有意地对孩子们大发脾气，是在伤害孩子的自尊心，他们认为自己所做的一切都是在完成自己的责任。巴特勒说："在西奥波特和克里斯蒂娜看来，他们是世界上最具有奉献精神的父母，他们所做的一切都是为了孩子能够获得最大的幸福。"

很多家长就像他们的家长对待他们自己那样去对待自己的孩子，他们曾经忍受了太多的委屈，现在终于有对象去发泄了。于是，孩子们成了他们发泄个人情绪的牺牲品。他们自称是出于爱才对孩子严格要求的，其实这种爱不过是个幌子罢了。幌子下面则潜藏着敌意和冷漠。他们的这种教育态度将会给孩子带来很大的心理阴影。

使人惊奇的是，人类学的研究竟然证实了这个观点。阿波勒·卡丁纳在《社会心理学的前沿问题》一书中指出，在荷属东印度群岛居住着阿拉瑞斯人，这里的小孩子从小就没有得到任何的爱和关怀。大人们自己从小起就没有得到长辈的关心和疼爱，他们对小孩子自然也就充满了仇恨。卡曼奇的印第安人却与此形成了鲜明的对照。这个原始社会里充满了爱和温暖，父母尽职尽责、疼爱孩子，每个人都有健全、和谐的人格。

在婚姻关系上，我们也可以见到许多虚假的爱。丈夫强迫妻子放弃个性，服从自己，满足自己的虚荣心，这并非真正的爱。真正的爱意味着尊重他人的人格。现在，人们在婚姻关系上表现了太多的占有欲、妒忌、暴力和攻击性，他们却自以为这都是出于爱。

由此说来，在我们与他人之间建立一种互爱的关系就不再可能了么？宗教要求人们爱自己的同类如同爱自己的兄弟，这难道只是上帝的幻想吗？有很多人对这种想法嗤之以鼻，认为这只不过是乌托邦式的幻想而已，是不可能的事。德国著名诗人海涅有一次谈到他的幸福观时，半开玩笑地说："我需要的只是一间简陋的茅草屋，一张好床，好的食物，在窗台上摆些花，在我的门前栽几棵大树。如果仁慈的上帝希望我彻底快乐的话，最好将六七个敌人挂在我门前的大树上。"

海涅用残酷的语气表达了一个真理——我们绝大多数人都希望自己的敌人遭到失败、受到惩罚。但让人啼笑皆非的是，我们在无意识中对朋友和家人竟然也常常怀有这种幸灾乐祸的情感。人的心理有一种奇特的矛盾现象——对同一个对象，同时怀有同等的爱和恨。人类社会认识到了这一点：人们相互之间怀着原始的敌意，这种敌意威胁着社会文明。

因而，社会要利用一切可能的力量去抵消内心世界的原始仇恨。最理想的方法便是要求人们要像爱自己一样去爱邻人。尽管它不可能完全实现，但人们或多或少会遵守这条戒律。人们在潜意识里认识到，一旦抛弃了这条戒律，世界将会变成一片凌乱和凄凉。

从人性中积极的、肯定的方面来理解，我们会得到不同的答案。英雄和烈士对人类怀着真挚的热爱，而平凡的人们为了人类更美好的生活也在默默无闻地奉献着。从他们的身上，我们看到了人类的巨大希望。当人们在海、陆、空联合作战时，当他们面临共同的危险和目标时，这里几乎看不到个人的直接作用，每个人都融合在集体的力量中，这是他们能够团结一致的最好证明。

并不是每个女性都能像圣女贞德或居里夫人那样伟大，但成千上万的女性坚守着自己的职责，耐心照料家庭，她们的行为同样是值得钦佩的；无数的男子忍辱负重，承担着自己应有的责任。正是对他人的爱，激励着人们完成最平凡的工作。这种爱是深沉的、无言的。无论在田间，还是在工厂，劳动者的心中都充满了这种平凡而崇高的爱！在这些平凡的劳动者之间，形成了独特的默契关系。他们不相信局外人，但他们之间却相互合作、朴实亲切，这种温情会让人们大为感动。

一切皆因爱而生

很多的文学作品都表达着人类对爱的渴求，这是西方诗歌的伟大主题。爱，能够带给人们最深层的快乐，完美卓越的诗人已经将这种快乐编织成了华丽的诗歌。如果一个人失去了对爱的向往，悲惨的痛苦便会不期而来。每个人都有自己喜欢的诗歌片段，并能够从中得到一定的宽慰。我特别喜欢爱默生的一段诗歌：

一切皆因爱而生，
只要忠于此心；
朋友，亲人，所有美好的日子，
地位和名声，
理想，荣誉和天才，
一切都如期而至。

一切皆因爱而生！一切皆如期而至！如果人们能够按照这条戒律去生活，世界的面貌将会焕然一新！要求世界上的绝大多数人达到如此崇高的境界也许是不切实际的。但我们可以在较低的层次上表达我们的爱，这种爱存在于普通人之间，在朋友之间，在同事之间。在这里，我指的是朴实的爱的感情，是人与人之间的体贴和温情。除了用面包来满足最基本的生存需求外，爱和温情也许是人类最需要的了，它是心灵世界必不可少的精神养料。我们发现，在巨大的灾难面前，正是因为爱的力量，才使人类走出了绝望的困境。爱是反照我们人类行为的一面镜子。

在我们日常的人际关系中，很少会有人会发现不寻常的意义。我们不应该忘记那些最平凡的人，如售货员、家庭保姆、汽车修理员、裁缝师傅，他们对他人有着最真挚、最朴实的爱。我们其中的许多人都唱着老生常谈的高调，宣扬兄弟般的互爱，但骨子里面却怀有深深的等级观念。在他们的观念中，那些平凡的人似乎总低人一等。

梭罗曾说："自以为比理发师、厨师和机械修理师高人一等的人，在我看来，并不具有真正的爱心。"这些最平凡的劳动者是创造人类历史的真正动力。对这些人颐指气使，我们将会很难得到心灵上的安宁。我们应该深入到他们中去，问问他们的名字，了解他们的生活，倾听他们的声音，只有这样，我们的社会才会充满爱，才会变成美好的人间。

神给我们以希望，鼓励我们去爱；社会的责任也在鞭策着我们，使得爱永驻人间。只有对这一点形成深刻的认识，我们才有能力去谈论爱。我们日常生活中遇到的每一个人都是独一无二的，有其自身的独特价值，应该受到旁人的尊重。粗暴地呵斥他们和羞辱他们是一种罪过。只有深刻地认识到这一点，我们才能创造美好的生活。

太阳和星星之间的引力定律是怎么产生的，男性和女性之间的爱与相互吸引的定律又是怎么回事？物体间的引力和斥力是怎么产生的，人际关系的和谐与纷争又是怎么回事？对这些问题很少有人仔细思考过。

人生最大的快乐源自于被他人认可，也就是说，我们能得到他人的赏识，心中不再感到孤独，这是快乐的源泉。这种亲密的伙伴关系消除了人们的孤独感，使人们感到世间的温暖，产生了归属感。这种感觉是人类深层次的需要之一。

许多人并不了解这一点，一生都妄图用别的追求来替代这种“对认同感的追求”。许多人耽于声色，像唐·璜走马灯似的更换情人，想借此来麻醉自己的灵魂，发泄过剩的情欲和精力。他们就像是孤独的弃儿，赤身裸体被抛弃在一个荒芜的世界中，这个世界没有爱，没有温情。他们没有任何的人生目标，只是茫然地穿梭于时间的隧道，行尸走肉般地过活。

另外一些人，他们战无不胜，攻无不克，残忍狂暴，雄霸一世。但揭开那层面具，我们看到的是一颗孤独的灵魂。事实上，他们在心灵的战场上屡战屡败。

作为个体，我们最需要的乃是人与人之间最朴实的爱和交流。爱，是人与人相互之间的鼓励与安慰。爱能抚平生活中遭遇的痛苦，这也是友谊和爱情的秘密所在。当有人透彻地了解和喜欢我们时，我们的价值得到了他们的肯定，那么我们就会感受到心灵的宁静，这样的感觉只可意会，不可言传。

今天，动机心理学的研究表明，人们希望得到别人的爱，一旦被剥夺了这种爱，人的内心就无法平静，快乐也就无从谈起。但更为重要的是，将我们的爱奉献给社会，奉献给他人，这也是我们的内在需求。

爱是完整人格的一部分

在人格的发展过程中，人们有着强烈的爱的冲动，去爱我们的同胞。如果这种需求得不到满足，自我就会扭曲，人格的正常发展就会受到阻碍。成熟的男人和女人都会强烈地感受到自身具有给予和付出的冲动，他们希望结婚，能够生个孩子。人是能够做到这种慷慨大度，无私奉献的，这是人性的固有本性，成人所具有的结婚生子的念头便是最好的证明。父母强烈地希望自己能够给生命增添些什么，而不求得到什么回报。

人们强烈的地希望能够将自己所拥有的东西奉献出去，这种付出既可以是肉体上的，也可能是精神上的。人们会努力地去建造一座桥梁、写一首诗、做出一项发明，或者发现疾病的治疗方法。那些愤世嫉俗者和悲观主义者会认为，人是彻头彻尾的自私的动物，人们身上体现出来的无私奉献精神也许是对他们最好的反驳。

从他人那里不断地索取，这是自私自利的本质特征。在人格发展的一定阶段，这种观念便会让位于另一种观念，即将自己拥有的东西奉献出去，让自己的生命在自己之外发育成长，这不仅体现在结婚生子，建立家庭这一方面，也体现在为建立一个美好社会而不断地努力之中。

一个人如果在自我的世界中徘徊太久，就会产生腻烦之感，便会产生强烈地关注外部世界的需要。我们不能总是消极地去接受，而应该让自己成为鲜活的生命之泉，去滋润他人。生活并不在意我们在这些问题上所持有的愿望，但随着我们生理的成熟，现实逼迫我们放弃那些自私的观念——不要做社会的寄生虫，而应该积极地参与生活，为社会贡献出自己的价值。

心理学认为，向世界奉献自己的爱，这是成熟人性的一部分，这种冲动在人格的发展过程中必然会出现。心理学还认为，人有一种内在的需要，即希望这个世界由许多种独立的个人组成，而这些人并不受我们自己的支配。

显而易见的是，在我们过于以自我为中心，希望别人都来爱我们，崇拜我们之时，我们最终却不会很欣赏自己，同时也不会去很喜欢他人。我们只有尊重别人的个性和自由，才能有良好的人际关系。如果世界上只有你自己是自由的，而别人都受你奴役，这其实是你最大的不幸。

如果世界是不自由的，自我、个性就无从谈起。如果社会上只有一个人独裁专制，别人都只是被迫地去服从，这样的世界着实是一个疯狂的世界。心理学表明，爱他人是爱我们自己的不可获取的条件。

著名的心理学家保罗·希尔德认为，残忍和破坏性在人格中居于次要的地位，人性的主要心理冲动是建设性和创造性的。他以小孩子的行为作为观察对象，得到的结果证明了他的结论的正确性。给这些小孩子许多的木偶，他们是很容易将这些木偶弄坏的。但接下来，这些小孩子很容易将这些打碎的玩具重新组合起来，使他们恢复原来的形状。小孩子们看起来非常残忍和具有侵略性，但事实上，他们只是出于好奇，出于求知的冲动，他们想了解外部世界的奥秘。

小孩子表现出来的好奇和成人天生所具有的创造力不仅仅是渴望自己变得更加有力量，也体现了人天生所具有的建设性和爱的本能。我们应该将自身所具有的力量表现出来，努力地帮助我们周围的同胞实现他们的自由，让他们保持人格的完整。只有这样，我们才能充分地肯定自我的价值，才能获得精神上的慰藉和满足。社会生活就是这样的，我们不可能违背这一规律。

当人们沮丧和无助时，当人们无法解决内在的人格扭曲和情感冲突时，他们便将这种报复欲望转向了外在的世界，用破坏和仇恨去寻求满足。

但人的虐待性倾向并非人性的全部。无数的心理学家用临床经验告诉我们，对他人的爱和肯定，是人性的基本倾向。当人们消除了内在的人格扭曲和情感冲突时，这种爱的倾向便会很明显地表现出来。

宽容彰显大爱

我们该怎样做才算是爱他人？很多人选择了利他主义的道德准则，其表现形式也是多种多样的，在这里我们只想论及一二。首先，我们不能粗暴地要求别人服从自己，对别人的个性要采取尊重和容忍的态度，这是我们表达爱的最好方式。世界上有过形形色色的帝国主义，而我要谈到这种人虽不是国际政治上所说的帝国主义（因为他们并不侵犯别人财产和领土），但却是人际关系问题上的帝国主义者。他们强迫最亲近的人无条件地服从自己，听从他们专横的命令。

比如，父亲强迫富有艺术天赋的儿子去经商，母亲则要求女儿忠诚地伺候，让其过着悲惨的生活，不给她属于自己的独立发展空间。与这些家庭中的极权主义者相反，我们应该对最亲近的人怀有真正的爱，尊重他们的个性，而不是要求他们必须服从自己的意志。我们更不应该戴着爱的面具，假借爱之名义，要求我们的妻子和兄弟为我们做无条件的牺牲。

宗教是这样看待生命的：上帝造就的每一个人都是神圣的、独特的，有其独特的气质、独特的需要、独特的愿望和独特的梦想。我们赞成宗教的这些观点，我们不仅要允许各种观点的存在，更重要的是，我们要承认每个人所具有的独特价值。

唯有如此，我们对人类才可能怀有真正的爱。这是一个五彩缤纷的多元化世界，在这个世界上，没有两片相同的叶子。看来上帝并不钟情于单一、枯燥的世界，早在创世之初，他就已经让这个世界多姿多彩了。

我们人类也是一样的。有些人天生好动；有些人却心平气和，喜欢沉思。如果一个人具有摔跤运动员那样的强壮体魄，那么在与那些白面书生和憔悴的苦行者相比，他们的身体里则有很多的能量需要释放。有些人是天生的乐天派，整天乐乐呵呵；而另一些人却显得忧郁伤感。我们的身体和心理是有差异的，这些差异会造成我们自我实现的方式有极大不同。有些人惯于行动，而有些人却擅长思考；有些人热情奔放，有些人则自制拘谨；有些人喜欢征服，而有些人却乐于服从。

当然，我在这儿可不是在宣扬某种宿命论。我只是想说，我们完全可以对生命之树进行修剪、整形，让她长得更好。但我们决不能允许任何外在的力量对生命之树进行任意地裁剪、遏制，甚至愚蠢地将最繁茂的心灵枝条剪掉。

对他人的宽容，不仅仅是谈论伦理问题的先决条件，也是个人自我调适的前提。对于什么是正确的，什么是好的，什么是适当的，如果别人与我们的看法产生分歧，我们就不高兴、难以容忍，这只能说明我们自己内心的信念还不坚定。一个真正自信的人，他希望每个人都保持与自己相同的自信。一个没有鲜明个性的人，却希望别人与自己是同一个模子里面造出来的，这是不可能达到心灵的宁静的。

我们并不希望别人的观点与我们自己的观点完全一致，也不希望他们的性格只是我们的翻版，能够做到这些，我们才会真正地热爱别人。

宽容，作为对人类之爱的一种方式，不仅仅适用于私人之间的亲密关系，也需要我们在更广阔的社会舞台上实践这条原则。在相互交流思想时，或参与政治生活时，如果我们能够做到宽容的话，就能够避免自我偏执和相互敌视。我们主张宽容，但并不是要消极地对待别人的不同观点。

严格地说，宽容意味着积极主动地去理解他人的观点、行为和习惯，当然，并不是要我们非得去接受它们。采取宽容的态度，我们便懂得欣赏，尊重别人的观点。更进一步说，当持有不同意见的权利受到侵犯时，这种宽容的心态会让你挺身而出，为此辩护。正如启蒙思想家伏尔泰所言："我绝不同意你的观点，但我誓死捍卫你说话的权利！"这是迄今为止对宽容理念最简洁、最完美的表述。

非理性的仇恨源自无知和恐惧。对异见采取一种冷漠的态度，只能表明一个人精神上的懒惰。要做到宽容，需要在仇恨与冷漠之间保持一种微妙的平衡。约翰·莫里曾经这样一针见血地指出：“借着宽容的名义，对一切都毫不在意，这只不过是一种虚伪而已，借以掩饰自己的毫无主见，或者掩饰自己不想发表主见。”

宽容并非道德上的随意，也不是随便偏离确定的原则。如果我漠不关心，只是信口说出彼此对立的两种观点都是一样的好，这并不表明我是宽容的，只不过说明了我的懒惰而已。但是如果我们强迫周围的人与我们的观点一致，那就意味着我们干涉了别人的权利。

宽容是自由的堡垒

对于这些问题，英国诗人约翰·米尔顿和美国诗人威廉·罗杰都是极好的宣传者。他们并不希望人们违心地默许那些自己并不同意的观点，也不鼓励人们狂妄自大，采取暴力。而是认为，如果自己掌握着绝对的真理，并不容许他人争辩，这是那些愚昧的，未开化的人的想法。有些人甚至试图借助武力去解决这些问题。但是，真理并不是个人所能穷究的，也不是靠武力所能解决的，这一点恐怕不难理解。

随着时间的流逝，我们放弃了许多落伍的观念和情感方式，但一些人却仍旧坚持着旧式的教条。只要我们能够保持着精神上的活力，不断地追求进步，我们就可以很幸运地摆脱更多的落伍观念和情感方式。瑞纳曾说："只要我们不停止思考，我们就不会固步自封，就不会坚守那些陈腐的观念不变。"很多人认为自己总是正确的，还有一些人的智力成熟得太早，此后便顽固不化了，瑞纳的这句话对有些人来说是一个很好的警告。

从这个角度来看，宽容是保卫社会自由和个人自由的坚固堡垒，是人权的坚定捍卫者，也是文明进步的主要体现。如果破坏掉宽容的气氛，我们争取到的自由也将奄奄一息，并将社会带进新的战争中——要为自由而战，最终的结局必定是自由的胜利。出版自由、集会自由、宗教和信仰的自由，政治上的民主自由，所有这些都是以宽容作为基石的。

宽容氛围的营造需要我们不懈地奋斗努力，它要求每个人都能坚持它并在个人的生活中去努力地实践它。如果我们在个人的生活中不再宽容，那么就会破坏以此为核心的一切社会结构。

在美国历史上，就有很多宽容精神的伟大提倡者。乔治·华盛顿为当时的那些亲英派开脱便是极好的例子。当独立战争中狂热的爱国者打算劫掠这些亲英派的财产，用暴力威胁他们的生命安全时，华盛顿却安排这些亲英派迅速地离开了美国，前往加拿大。自由是保证社会道德的必要条件，为了保卫自由，华盛顿在其他方面也做了不懈的努力。

罗杰·威廉认为，在塞勒姆不会有真正的宗教自由，他不畏艰险，长途跋涉，穿过寒冷的森林，找到了美国的第一个民间圣殿——普罗维登斯，因为这里主张宗教教派之间的宽容。菲利浦·布鲁克斯在他的一次布道中将美国的宽容精神提炼为如下的一段文字："宽容的态度在两颗对立的心灵之间建立了一种良好互敬的关系。我不同意我朋友的观点，但是我必须尊重他。我希望朋友真诚地信奉自己的观点，然而我有权利、有责任去说服他，使他同意我的观点。宽容好比是一个奇特的会议，在这个会议上，对观点的严肃批判和不追究其个人责任达到了完美的统一。”

尽管提倡宽容的人通常具有坚定的信念，但宽容本身却是一株脆弱的树苗，它需要大家的精心呵护。如果不加照料与呵护，它会枯萎甚至死亡。随着宽容精神的消失，整个社会也将变得狭隘和专制，这是极其危险的、有害的。

这种偏执会在无声无息中扩散开来。人们的基本权利会受到漠视，言论、出版会受到严格的审查，人们相互之间的仇恨也会逐步地深化，法律也就成为驯服人民的工具。很快，他们就像是迷失在了黑暗的森林之中，没有光，没有安全感，有的只是笼罩在心头上的恐惧的阴影。

民主就是宽容原则在政治领域的具体运作和体现。在政治领域中运用宽容的原则，就是要接受而非消灭不同己见者。其实，这些持有异见的人士在社会生活中发挥着巨大的作用，他们是一股批判的力量，可以防止执政党变得过于专制和腐败。这也是民主政治的首要前提，如果宽容不复存在，民主也只不过是一句空话而已。

宗教教义中的爱与恨

宗教非常关心人性中的爱与恨。就这一点而言，借助动机心理学的发现，宗教的目标也许会阐述得更加清楚。我们不应该去强迫人们信奉利他主义，而应该揭开自恋和自虐的假面具，认清自我憎恶的真面目。这样的话，宗教才可以帮助人们弄清楚造成自我性格扭曲的根源是什么，并告诉人们如何抵制这股扭曲的力量，获得心灵的宁静。

对他人虚假的爱，常常是伪装了的虐待，宗教自然会揭开它们的面纱。这样，我们便能够直观地理解真正的爱意味着什么，真爱和虚假的爱之间有何微妙的区别。我们便会更加坚信，对他人爱不再是幻想，它是真实存在的，是我们人类生活中最根本的心理冲动。

宗教让我们懂得，有些人只求索取而吝于付出，这是一种不正常的现象，是其人格发展受阻的结果。我们应该对这类人抱有深深的同情而不是责备，并帮助他们改变这种心理，就像医生帮助那些天生有缺陷的，发育不全的儿童一样，通过注射荷尔蒙和内分泌腺激素，也可以使他们在生理上尽快地发育成熟。现在，我们应该用新眼光去看待那些自私的灵魂，就像我们看待那些发育不全的人一样。那些自私自利的人是道德上的弱者，精神上的侏儒。只求索取而不讲付出，只不过是精神残疾人而已。

宗教在汲取现代心理学新成果的基础上，更加清晰地理解了爱的含义，明白了什么是成熟的爱，什么是不成熟的爱。如果对自身的缺陷和过去的失败耿耿于怀，苛求自己去弥补那些不可挽回的过去，给自己造成不必要的精神重负，这样的自爱是极不成熟的。如果我们要求自己十全十美、无可挑剔、完全自立，那么，无论我们花多大的精力去提高自身的精神境界，也只是走在了歧途上，徒劳无功，就像是宗教裁判所的法官“爱”异教徒一样，结果却是将其烧死。

我们对同胞成熟的爱是无条件的，但我们并不苛求别人做自己能力不可能完成的事。成熟的爱蕴含着这样的生活理念：学会宽容，互敬互爱，独立自强，互相学习，和平共处，共同进步。学会尊重自己和别人的个性和优点，这样的爱才是真正成熟的爱。

如果一个人懂得尊重自己个性中的创造性和建设性因素，并认为那是社会生活和历史文化影响的结果，那么他就愿意付出爱，也愿意接受爱，而不是去支配别人，更不是去被别人奴役。如果一个人具有这样的胸怀，那么他已经步入了真正的爱的殿堂。

第五章 消除恐惧与焦虑的情绪

我们生活在一个并不安全的世界中，每个人的一生都会遇见无数的恐惧和焦虑。未来的世界是不可预知的，为了能够在这个世界中存活下去，我们必然会感到恐惧和焦虑，这是每个人必须付出的生存代价。尽管这种情感体验是正常的，但控制这种情感以使自己的心灵回归宁静也是可以的。

如果我们想要控制自己的情绪和焦虑，我们不仅要从别人那儿接受帮助，而且还要学会正确地看待自己、接受自己——既要看到自己的缺点和局限，也要看到自己的优点和才能。

人的心情不可能总处于欢快之中，当一些不良的情绪产生后，我们首先要学会接受它们。人的情感世界是不可能完美无瑕的，我们要学会容忍自己身上的缺陷，这样才能获得心灵上的安宁。

需要强调的是，在欣赏我们个人能力和成就的同时，我们也应该学会坦然地接受自身的不足和局限。

我们生活在一个并不安全的世界中，每个人的一生都会遇见无数的恐惧和焦虑。未来的世界是不可预知的，为了能够在这个世界中存活下去，我们必然会感到恐惧和焦虑，这是每个人必须付出的生存代价。尽管这种情感体验是正常的，但控制这种情感以使自己的心灵回归宁静也是可以的。

伯特兰·罗素在《我的信仰》中曾经阐述道："在一个充满威胁，变化无常的世界中，能够保持心灵的宁静，也许是人类最大的骄傲之处。"

适度恐惧的正面作用

每个人都曾感到害怕和恐惧，从某种意义上来说，这也是一件可喜的事情。当原子弹、病菌，以及社会的道德困境威胁人类的生存与幸福时，我们便会感到深深的恐惧。正是这种自然而然的心理机制为我们提出了警告，使我们避免了许多惨剧的发生而生存了下来。如果我们想继续生存下去，就必须学会如何避免可怕的、有害的事物。从这个角度上而言，恐惧也不一定就是人性中的消极因素。

在人类文明的发展历程中，所有的发明和发现归根结底都是人们恐惧和焦虑的副产品。夜间的人们由于害怕黑暗，便努力去寻找光明，于是便发明了取火的技术，以及此后电灯的问世；人类由于疾病的困扰，于是便发明了医术，掌握了外科手术、麻醉方法和治疗技术。如果人类有一天不再感到害怕了，那么也就失去了进步的可能性。恐惧的感觉常常激励我们去创造和发明使我们免于恐惧的手段和技术。

人要想成为万物之灵，高于其他生物，必然要为此付出代价，也就是说，只有人才会感受到生存的恐惧。田野中的动物只不过感受到动物式的惊恐，但却感受不到人所特有的恐惧。我们敏感的神经末梢常常将我们内在的世界与外部世界联系起来，使我们感受到痛苦、危险，感受到生活中的美好。而我们的恐惧与焦虑也正是由神经末梢感受到的。

有时候我们会产生一种奇异的想法，觉得人的一生中不可避免地要碰到许许多多痛苦之事，还不如做一只麻木的牡蛎。但如果真的将这种选择摆在我们的面前，我想，很少有人会愿意去做一只麻木的牡蛎。丧失了人类的敏感，也就感受不到恐惧、爱、欲望和忠诚。正是因为感受到了焦虑，我们才督促自己不断地发展、成长，我们才有人生的梦想和追求。

人的气质千差万别，对待同样的事情，人们的情绪反应是不一样的。粘液质的人能够承受巨大的精神压力，心理防线也不会轻易地崩溃；对另外一些人而言，他们能够承受的精神压力却小得多。

然而，不容忽视的是，那些经常处在极度恐惧状态中的人，往往会表现出巨大的创造力。美国总统林肯和俄罗斯作家陀思妥耶夫斯基，在其一生中经常感到极度的抑郁，但他们却为人类做出了巨大的贡献。而有些人整天乐呵呵、无忧无虑，反而不能取得大的成就。

没有任何一种说法能够涵盖人类的所有情感体验，但下面这个观点的概括也许是正确的：所有的人无一例外（或者只有弱智和白痴除外）都感受到恐惧和焦虑。尽管每个人的具体感觉不一样，但其本质却是相同的。恐惧和焦虑有着各种各样的表现形式，但毋庸置疑的是，所有的人在某种程度上都曾感受过内疚，承受过孤独，他们对痛苦充满恐惧，向往内心的安宁。

我们常常会掩饰自己心中的真实感受，避免与习俗相冲突，大家对此都心照不宣。其实，我们倒应该公开地承认，正是共有的焦虑使人与人之间具有某种相通性，从而使人类能够结合在一起。

当然，有些恐惧是必要的，有些是不必要的，二者之间存在着区别。无论是在自然界还是在人类社会，当我们感受到危险的真实存在时，有恐惧感是必要的。当我们的水手或战士投入到战斗之时，他们会感觉到恐惧。这种恐惧感会影响人的生理活动，促进肾上腺素的分泌加快，从而刺激他们发挥身体上和精神上的全部潜能，并巧妙地克服遇到的各种困难，去夺取胜利。

如果一个战士走上战场时感觉不到丝毫的恐惧，这对他来说是非常危险的，对他的战友来说也极其的不利。但战士、水手和飞行员一般都能够克服他们的恐惧，出色地完成任务。这些例子最好不过地证明了一点，即人类能够运用他的潜能去克服恐惧，并完成伟大的事业。

恐惧感会帮助我们避免危险。在我们的日常生活中，情况也是这样的。我们感受到肉体上的痛苦（这种痛苦也许是某种疾病的症状），心里就感到害怕，去找医生看病。这个显而易见的事实证明，我们感受到的害怕，常常帮助我们避免了不必要的危险，从这个意义上来说，害怕的感觉是我们的朋友，而不是我们的敌人。

核弹的存在对整个人类的安全都构成了巨大的威胁，令人恐惧。如果原子弹爆炸的话，会造成巨大的伤害，敏感的人们对此深感忧虑。如果不能恰当运用，原子能带给人类的将是巨大的破坏性作用，而不是增进人类的幸福和繁荣。对此感到恐惧是有现实根据的，是必要的，这样我们才会采取新的行动去克服社会上的各种威胁。

为了保证个人的和社会的幸福，对一些事物抱有恐惧的心态是必要的，也是适当的。为了人类的生存和发展，我们不必去刻意消除这些恐惧。

但过度地害怕和病态的恐惧会让我们失去活力，降低我们的工作效率，使我们的精神发展极不健全。这就像我们的内分泌腺激素一样，它本是调节我们生理活动的，适量的激素会促进我们的健康，而一旦过量，就会对我们的身体造成危害。同样的道理，适度的焦虑也是正常的，有益于我们的精神健康，但一旦过度，就会给我们的精神和身体造成巨大的危害，造成人格的扭曲。

病态的恐惧感

对于正常恐惧和病态恐惧二者之间的区别，弗洛伊德给出了一个绝妙的解释：当一个人置身于非洲丛林，看见蛇他会感到恐惧，这是很正常的事，这种恐惧感将有助于加强保护自己的意识。但如果一个人居住在自己的房间里也会感到莫名的恐惧，以为一条蛇正潜藏在房屋中的地毯下面。那么，我们就可以说这种恐惧是病态的恐惧，是不正常的。

弗洛伊德的理论对理解人类的心理极有帮助，我将会运用他的理论来考察我们一般人的恐惧心理。如果一个非洲的贫穷国家的母亲害怕自己的孩子会因饥饿而死，这种恐惧感是正常的；但在美国，一个富有的母亲跑进我的书房，说她的孩子将会因为营养不良而饿死，这种恐惧就是病态的、不正常的。我想，这种恐惧心理可能根源于她平时的愧疚、恐慌和仇恨。

其实，我们很多的恐惧就像上述那样产生的。我们不妨来研究一下我们对自身体质的许多焦虑，它们就像是弗洛伊德所说的地毯下的蛇一样，是他们幻想的。

很多人常常会担心自己的健康，怀疑自己患上了什么重病，为此深感焦虑和不安。我们担心自己的心脏、血压和肺部是不是出现了致命问题，害怕失眠。如果感受到一点轻微的不舒服，我们就开始摸自己的脉搏，力图寻找一些证据来证明自己生了什么大病。我们不是为自己的身体健康焦虑，就是为自己的性格担心。我们缺乏自信，犹豫不决，因为失败而唉声叹气，一蹶不振。

我们总觉得自己比别人差，认为别人的见解远比自己的要高明，自己只不过是他们嘲笑和鄙视的对象罢了。这样的话，我们的精神世界就会变得黑暗荒芜，没有光明，没有温暖。我们感觉不到别人对我们的赏识，感觉不到友情和爱情的美好，感觉不到家庭生活的快乐。

我们对自身感到不安，为自己可能的失败和潜在的危险而深感焦虑，这种不安和焦虑常常会改头换面以其他的形式表现出来。我们身边最亲近的人，如孩子、丈夫、兄弟、姐妹，他们是我们生命的一种延续。为最亲近的人忧虑就是一种对自身忧虑的替代和转移，是我们对自身的不安的另一种表现形式。

很多母亲会为她们女儿的道德操守而担心，这只不过是一种假象而已。实际上是这位母亲在潜意识中对自身的道德深感疑虑，烦恼不已，不过是想寻找某种替换物而已。我们常常听到商人们抱怨税率太高，他们攻击政府，或者为国际关系而担心。那些人认为，这些外在的、毫不相干的事件导致了自己沮丧和忧郁的心境，但实际上，他们焦虑的真正根源仍旧潜藏在他们自己的内心深处。

我们必须认识到，焦虑会利用各种各样的伪装来掩盖自己。有时候，这种焦虑会演变为恐惧症——害怕高地害怕紧闭的房间。现代心理学追溯到人们童年时代隐秘的记忆，揭示了人们恐惧感的真正心理根源。很多人过着忧虑不安的生活，有时候独自一人会感到非常恐惧；而有时候却远远地避开人群，害怕进入他们的圈子；有时候一想到会失去别人的爱与尊重就会战栗不已，害怕遭到别人的轻视和抛弃。现代心理学对这些病态现象都做出了很好的解释。

如果女人害怕爱，感情就会枯萎，她就会变得像一尊冷漠的大理石像一样；男人害怕成功（实际上，我们许多人都是害怕成功的）便会过着醉生梦死的生活，耗费着自己的青春。卡尔·蒙尼格在他的名著《反对自己的人》中写道，现代人陷入了一种群体性的恐惧之中，仿佛害怕自己变得更加成熟，害怕自己取得成就。灵魂承受着恐惧和负罪感的折磨，就是要自己陷入失败！

很多时候，我们的恐惧感会引起我们肉体上的痛苦，我们便会让我们肉体上的痛苦来掩饰我们内心的恐惧。这一点，常人是难以觉察到的。研究身心关系的医学家发现，全部疾病，从普通的感冒到关节炎，通常都是由于人们心底的深层次恐惧造成的。事实上，艺术家和小说家早已看出了这一点。

德国著名作家托马斯·曼在他的巨著《魔山》中就描写了很多这样的例子。他们过于敏感，非常恐惧，借着与肺结核病做斗争来逃避现实中的困境。当然，与现实生活中需要勇气去战斗、抗争和挣扎相比，生病自然要容易得多。我们现在明白了，有些慢性病患者实际上是害怕现实中的抗争和奋斗，潜意识中想让自己生病，在疾病中可以寻找到某种安慰和舒适。疾病对于他们而言，只不过是逃离现实的巧妙借口罢了。

恐惧感的心理根源

一些看起来非常成功的商人，他们会将生活中的恐惧更巧妙地伪装起来。有这样一个商人，我们对他都非常熟悉，他在事业上一帆风顺，已经成为了商界的巨子。大家都佩服他的经商才能，但是他自己却远非我们想象的那样看待自己。他的内心似乎从来没有平静过，也不认为自己取得了别人没有取得过的伟大成就。失败感经常笼罩他的内心，使他疲于应付。他将全部的时间和精力都投入到商业事务中去，并不断地取得巨大的成功。在我们看来，他应该算是一个成功的人士了。但论及他的内心世界，却充满着恐惧和不安，只能算是一个失败者。

其中的原因何在？也许在他还是一个孩子的时候，他常常感觉到自身的渺小和无能。为了向成人们展示他的能力，他采取了冒险行动，但最终却失败了，那些成人对他的努力大加嘲笑。

当然，成人们不久就忘记了这些事情，但这些失败和遇到的嘲笑却在小孩子的心灵世界上留下了无法抹去的伤痕。他第一次尽力地在父母和兄长面前表现自己，以彰显自己是多么得能干，但得到的却只有嘲笑、非难和藐视，他就觉得自己无能，天生就是个弱者和失败者。于是，他过去所设想的美妙世界轰然倒塌。

这是一次沉重的打击，自此以后，他的自信心就从未恢复过。长大之后，他总以为他的事业——商业上的冒险会失败。他总是被一种失败感所困扰，对自身的力量没有信心。尽管在不断地争取事业上的成功，但他始终不能摆脱不安全感和自卑感——他当前的这种感觉只不过是童年恐惧在成人时期的延续罢了。

凯琳·哈尼在她的小说中出色地塑造了一个极度抑郁的女子。她有一个好丈夫，两个非常聪明的孩子、很多要好的朋友、一栋舒适的房子。但她却经常地感到绝望和沮丧。如果仅仅劝导她说："你所有的这些想法都不是真实的，只不过是你自己的想象而已。"这样说也许并没有错，但这并没有触及到她感到压抑的心理根源。当然，我们都知道，这只是她的想象，但问题在于：她为什么会存在这样的想象呢？

我们要按照她当前的性格特点，进一步往前追溯她的人生经历，才可以从中看出她这种性格的真正起源。她的母亲虽然很有才华，但是非常地以自我为中心。她的父亲是一个医生，工作繁忙，无暇照顾她。她的哥哥比她大三岁。她从小没有人照看，仿佛是一个多余的人。母亲觉得她的出生妨碍了自己的社交生活。尽管没有人告诉她什么，但她却感觉到家里面冷清的氛围，了解自己的处境。母亲和哥哥在他们的社交圈子中活得自由自在，非常亲近。这个女孩子想努力闯入他们的快乐园地。但他们潜意识中对这个女孩非常的厌烦，无声地拒绝了她。为此，女孩感到极大的愤怒，当她将这种愤怒发泄出来后，却受到了严厉的惩罚。

她发现，只有将自己的憎恨掩藏起来，才能得到别人的好感，此后，她就完全按照这种方法去做了。她努力使自己变成一个温顺的、完美的、有教养的女孩，才勉强得到了别人的认可和赞许。也就是从那时起，她的母亲和兄长才对她稍加关心。她总是掩盖起自己的真实感受，总是顺从别人的意志，变得越来越虚伪。

从少年到成年，她一直生活在自己精心编制的谎言之中，她甚至不能按照自己真实的本能去生活。她很有才华，却不敢表现出来少年时代的痛苦经历深刻地印在她的脑海中：她因为要表达自己，结果却给自己带来了痛苦和麻烦，遭到别人的冷眼和遗弃。在她平静的外表下，翻腾的却是愤慨和憎恨的火焰。

从孩童时候起，她就一直努力压抑着自己的这种真实情感，但恰恰就是这些被压抑的愤怒和情感，破坏了她后来的精神世界，使她感到抑郁和沮丧。

还有一个妇女，她用以掩盖恐惧的不是精神上的抑郁，而是身体上的疾病。在她四岁那年，父母遗弃了她，此后她就一直跟随她的祖母生活。这位祖母非常的严厉苛刻，使这个小女孩感到非常的害怕，从来不敢表露出一点点愤怒的情绪。她的祖母给她定下了非常严格的道德准则。她希望自己的孙女将来有人去爱，去欣赏，但这些愿望却一直没有能够实现。为了逃离这种处境，她早早地结了婚，嫁给了一个浪子，从他那儿也没有得到真正的爱。

她希望能得到他人的爱、希望他人能够成为自己的精神依托，但这种愿望一直未能得到满足；在她的内心中，感受了极大的愤怒和憎恨，这种感情得不到正确的疏导和发泄。于是在她的内心世界进行着激烈的斗争，这种冲突大大地伤害了她的身心健康。在三十岁刚刚出头的时候，她就罹患了高血压。

精神病学家告诉我们如何正确地处理成人世界所遭遇的恐惧和忧虑，最重要的一点就是要正视这种情感，不要回避。我们应该认识到，孩提时代所经历过的挫折和错误是人生中潜在的精神枷锁，在成年以后，它们会不断地逼迫我们为过去的失败付出高昂的精神代价，使我们感到精神上的痛苦和消沉，就像法律上规定的诉讼时效一样，如果我们不及时地解决我们恐惧和焦虑的根源，它们就会一直占据着我们的精神世界，时不时地打破我们心灵的宁静。

有时候我们确实是力量有限，因而容易产生自卑感，如果这种自卑情结不能被正确的看待并得到及时的化解，便会在我们的心灵上投下永久性的阴影，我们很多的不安全感和自卑感只不过是其后遗症而已。人在孩童时期，感觉到无助有其现实原因——当他们没有大人的扶持，蹒跚地走出房间时；当他们没有人看守，自己从床上掉下来时；当他们无法用自己的语言表达自己的愤怒、痛苦和孤独时，便产生了无助的感觉。

小孩子确实是柔弱的，还没有自理能力。但小孩子的柔弱和大人们的强大有着截然不同的性质。当我们长大成人时，如果还像小孩子那样产生恐惧感就很不适合了。

耶鲁大学的达鲁德教授说的好："在小孩子看来，父母是非常强大，非常有能力的。其实，大人们的世界并非如他们想象的那样，这只不过是与小孩子的柔弱对比才显得足够的强大。"

所以，我们长大之后，一定要将小孩子身上的那种柔弱感消除。我们要正确地看待自己取得的成就，而不是沉溺于孩童时代的记忆中。如果消除了这种情感的滞后现象，我们便能够完全克服我们身上的恐惧了。

与孩童时代的情感作别

最近，格林克上校和斯宾格少校合作出版了其新书《压力下的人们》，在书中他们指出了消除情感滞后现象的重要性。

在战斗中和战斗后，飞行员在精神上会产生极大的障碍和失调，用催眠术和长期休息的方法进行治疗是无济于事的，因为这些方法不能够帮助他们对自身及其过去形成新的认识。现在发明了一种新的疗法，即麻醉精神疗法，借此可以治疗飞行员精神上的失调。

这种疗法被军队广为采用，它可以让飞行员通过记忆的隧道回到过去，不仅可以回想起战争中所受到的惊吓，而且可以回忆起自己童年时代和少年时代的内心冲突。他们会认识到，当前的焦虑状况只不过是儿童时代不能满足的需要或者焦虑的产物罢了。成熟的自我是可以接受这种看法的，并且能够从中获得新的勇气和希望，保持精神上的健康。

我们不可能也没有必要去采用严格的麻醉精神疗法，但这种疗法包含了一个极有价值的观点。这种观点认为，我们当前的许多焦虑只不过是孩童时代忧郁情结的伪装与延续而已。我们应该接受这样的观点，并可以借此来帮助我们认识自己，保持精神上的健康。小的时候，父母对我们很漠视和冷淡吗？即便是这样，他们也未能毁掉我们的整个世界。而有很多人需要我们，爱我们，羡慕我们。难道我们宁愿对自己现在的良好状态视而不见，听任我们的灵魂禁锢在过去沉重的枷锁中吗？

如果我们坦然地面对孩童时代的经历，那么我们就会明白，我们当前的恐惧、焦虑以及其他各种精神扭曲，绝大多数都还停留在小孩子的心理水平上。

想到人会死亡以及死亡后会受到惩罚，这是否值得我们去杞人忧天呢？其实，这样的恐惧也植根于我们小时候的经历。我们受到父母的惩罚，他们将我们单独关在房子里，仿佛遗弃了我们。在人格的发展过程中，只有小孩子才会具有这种孤独感和受惩罚的观念。作为成年人，我们根本没必要以小孩子的这种眼光来打量这个世界。

自己不如他人，我们会感到害怕吗？没有得到别人的认可，我们为什么会感到烦恼呢？生活在社会的边缘，我们会感到恐惧吗？我们应该在理智上成熟起来，正确看待这些焦虑。周围的人也一定会犯错的，我们没有必要感到自卑。我们与他们一样有能力，有魅力。我们与他们一样的优秀，并富有才干。他们的价值标准也是有局限的，我们没有必要用别人的便准来很衡量我们自身的价值。

成人的世界是彼此之间相互依赖的世界，人与人之间是相互帮衬，相互借鉴的，谁也离不开谁。在小孩子看来，活在这个世界上，要么得到别人的爱，要不就受到一定的惩戒。作为一个心智成熟的人而言，不应该再以这种狭隘的眼光看待世界了。

正确地克服对自身的恐惧

令人不可思议的是，我们许多身体上和精神上的失调来源于对自身的恐惧！

我们通常会担心自己的所作所为会给别人带来伤害，担心自己内心深处潜藏着的愤怒。在生活中，又有多少人将愤怒压制在心头，艰难地度过一生呢？引起愤怒的缘由很多，无论是在公司、工厂，还是在诊所、家庭，只要是自尊心受到伤害，或者说是的受到较大的挫折，都可能会引起愤怒。无论是何种原因引起的愤怒，如果只是一味地将愤怒的火山压制以防止其爆发，都会让人逐渐地变得抑郁和消沉。在这里所要探讨的是，如何去正确地克服这些愤怒，并使之转化为创造性的力量。

这种愤怒是如何产生的？当我们还是小孩子的时候，我们的需要总是得不到适当的满足，要么是需要时大人不给我们，要么就是不需要时偏偏给你。我们总会去大声地哭，以此来表达我们内心的强烈愿望。倘若这时候没有人搭理，我们便会更加愤怒，大发脾气，表达我们的反抗，而这难免会遭到大人们的惩罚。这种惩罚吓坏了我们，我们为之深感恐惧。

产生恐惧的过程可以这样来描述：挫折——愤怒——惩罚——恐惧。久而久之，就形成了一种条件反射，我们将愤怒于恐惧紧密地联系在了一起。成人之后，当生活要求我们采取果断行动，积极进取的时候，我们却变得缩手缩脚，因为担心被惩罚而不愿意表达自己的愤怒。

对此，我们该怎么办呢？我们知道，对成年人来讲，具有一定的攻击性是完全正常的，也是自身可以驾驭的。通过体育运动，竞争性的游戏，或者与自然的、社会的破坏性力量进行激烈斗争，我们便可以通过发泄愤怒感情和破坏性冲动来释放身上的多余力量。小时候，我们因为发脾气而受到父母的惩罚；等长大之后，我们可以自由地表达自己，可以与他人一争高低，而不必担心谁会来惩罚我们。

此外，我们应该牢记，愤怒的感情是我们人类本性的一部分，我们不必统统地加以抑制。我们可以采取幻想的方式来发泄这类情感。马克思·比尔伯姆便是一个很好的例子，他在想象中给自己憎恨的人写信，借此来抒发自己的感情。有时候他甚至会动起笔真正写信，在写作的过程中，他舒缓了自己的愤怒，到最后，他的憎恨也销声匿迹了。

作为一个成熟的人，我们应该将自己的心灵世界看做是一个自由民主的国度。在这个自由民主的心灵国度中，我们允许各种情感和思想都有自由表达的机会。我们相信，内心世界中最危险的观念最终会屈从于那些合理的、积极的想法，难道我们不应该给自己的内心世界以充分的自由——允许各种思想、冲动都存在吗？但这是否意味着，我们可以随心所欲地报复我们的敌人或者打击那些比我们成功的人呢？绝非这样，我只是想说，我们完全可以在想象中自由地表达我们的愤怒。这样的话，在付诸行动时，我们就容易做到自我克制。

有时候，我们可以向自己的好朋友、兄弟，或者体贴的亲人倾诉我们内心的愤怒。而有时候我们却需要精神病学家的专业指导。奇怪的是，在这样的交谈过程中，我们往往将对方当成了自己的攻击对象。

在人生的早期阶段，我们会因为与母亲、父亲和兄长的冲突而产生憎恨、敌意和恐惧感，而且还力图隐藏这种情感。在很久以后，我们会将这种潜藏的情感发泄到别人身上。这是精神分析学的一个重大发现。我们会将以前的一些不良情绪和反叛心理转移到当前人的身上，这个过程也许是痛苦的，但毕竟有助于情感的释放。

让我们感到欣慰的是，在将这种不良情感释放出来后，不久便会发现，我们并不是真的对妻子、丈夫、朋友和医生感到愤怒，他们只不过是一个方便的发泄对象而已，正是通过他们，我们才将很久以前未能发泄的敌意一股脑地抛出心口。他们像医生，更像是艺术家，平静而耐心地倾听我们的愤怒，我们是临时性的受害者，但却是我们心病的永恒救助者。

心情不好只是暂时的现象，它很快就会烟消云散。认识到这一点，就会让我们重塑信心与希望。很多人却很难领会这一点，在我们疲惫时，很小的打击就难以忍受，很小的伤害就无法克服。每个人都会有情绪低落的时候，这是很自然、很正常的现象。当我们迷失在黑暗的隧道之时，常常会忘记出口和入口，忘记了我们还会回到阳光之下。

人是有着非常顽强的生命力的，能够承受多重打击，可以流许多的泪水，经历许多的悲剧，但依然义无反顾地前进着。今天的消沉并非生命的永恒，也不是生命的全部，在人生的长河中，它只不过是一朵小小的浪花而已。

当我们感到恐惧和焦虑时，我们都希望能够得到治疗和缓解。但很多人却羞于说出自己的心理困境，怕因此暴露了自己的弱点，他们拒绝别人的帮助，所以有些人固执地独自一个人承受着内心的恐惧和忧虑。他们很吝啬，不愿意与别人分享，仿佛这是他们珍贵的财富，生怕散尽。对这一点是不难理解的，在很多人看来，恐惧和焦虑就像是他的老朋友一样，它们在心理上有着极其重要的意义，因而害怕失去它们。恐惧和焦虑可以保护我们，在它们的保护下，我们是可以逃避现实的。

有一位妇女患有神经性官能症，身体部分残疾，得到了大家的关心和照料。在她的潜意识中，非常想保留这种神经性疾病，因为她在很小的时候便认为，一旦生病，便可以得到大家的关心和疼爱，她现在也就是利用她的疾病来吸引丈夫、孩子和朋友的注意和关心。

就如这位妇女的疾病一样，我们的恐惧感也是一种自我保护的方式，因为感觉到了恐惧，便找到了好借口，让自己活在内心世界中，借此来逃避现实，可以不必长大、成熟。但是，这种现象毕竟是少数，大多数人不欣赏这种情感上的幼稚想法。正常人都希望自己长大、成熟。只有具备了这种愿望，人类才可能具备更健康的人性。

我们都希望自己得到精神上的救助，希望社会能够为这种救助提供更方便的条件，保证这种救助能够很容易实现。在一个健康的、井然有序的社会中，这种救助途径应该是多种多样的，也应该是很容易就能获得的。但在我们的社会现实中却远非如此。事实上，在未来的几年时间内，在全国范围内，无论是在小城镇还是在大城市，政府和教育界都应该鼓励和支持大批合格的心理医生建立大量的心理诊所。这无论是对政府，还是对教育界而言，都是一个艰巨而重要的任务。

今天，有许多的机构可以提供心理上的指导。老兵们自己成立了诊所，这在全国看来已经成了一种普遍的现象。这些诊所缓解了士兵在战后的紧张与恐惧，取得了非常大的成功。那些受过心理学训练的社会工作者，也加入了全国各地的服务机构中。很多大型的企业也有专业的心理咨询师，他们将自己的全部精力投入到解决工人们的心理问题上。

最近，俄勒冈州和加利福尼亚州的住房计划规定，承租人在租房时，必须在房租里面加入心理疾病方面的服务费用。为了给本教区的居民提供急需的、有益的指导，几乎各个宗派的教士都在刻苦地钻研精神分析学。很多人认为，在这样一个人际关系日趋冷漠的工业化时代中，恰恰是教堂和教会提供了场所，让人们在那里聚会。人们在此可以互相倾诉，互相帮助，收到朋友的温暖，这对他们的心理问题是一种集体的治疗。

如果我们想要控制自己的恐惧和焦虑，我们不仅需要从他人那儿接受帮助，而且要学会正确地看待自己、接受自己——既要看到自己的局限，也要看到自己优点和才能。

在上文中提到该如何自爱时，我们已经探讨过，人的心情不可能总是快乐的，当一些不舒适的情感产生之后，我们一定要学会去接受它们；人的情感世界不可能是完美无缺的，我们要学会容忍自己的不足之处，这样才能获得心灵上的宁静。在这里，我想要强调的是，在欣赏我们个人的能力和成就的同时，我们也应该学会坦然地接受自身的不足和局限。对很多人来说，这简直是比登天还难。

为什么会产生这样的情形呢？部分原因是来自于我们童年时代的经历。在小时候，我们常常幻想自己能够征服无数的王国，小孩子所听到的故事和童话，里面的人物大多数都具有巨大的力量，很少提及人的局限性。

小孩子本身是极为柔弱的，可能是为了逃避现实中的柔弱，他们总是将自己喜欢的人物幻想成无所不能的超级英雄，以此来满足幼小的心灵。我们的父母因为难以接受自身的缺点，常常将他们的完美理想主义强加在我们的身上，希望我们能够弥补他们的人生缺憾，他们苛刻地要求我们，这是对我们精神上的巨大折磨。

很多母亲没有实现她的人生目标，便将她的希望寄托在女儿的身上，要求她的后代来弥补她生命中的不足之处。可悲的是，很多家长并不知道如何去爱他们的孩子，使孩子活在他们的失败所导致的阴影中！父母希望自己的子女能够获得成功，这样的话，在他们的人生之外，父母们仿佛又得到了一个弥补人生缺憾的机会。

童年时代对自己的期望过高，这会给我们未来的生活施加精神重负。我们会一直承认这种负担，并常常为此感到恐惧、焦虑和自卑。由于精神上的不愉快，我们的身体上也会受到严重的摧残，甚至会患上胃溃疡、高血压等疾病；因为总是想做到完美无缺，心情焦虑烦躁，也就容易患上心脏病。我们必须与童年时代过高的不切实际的期望做别，只有这样，才能获得心灵的宁静。

事实上，每个人都有其缺点，有其局限。我们有时候会变得愤怒、偏执、懒惰和冷漠；但有时候却是友好的、慷慨的、富有创造力的。有些人天生喜欢做手艺活，有些人却有美术或音乐上的天赋，而有些人却擅长抽象的理论思考。几乎没有人对这三方面都样样精通。

每个人都是有局限的，我们必须承认自身的局限性，并坦然面对它们。我们必须认识到，我们能够做到的事情，别人却不一定能够做到，我们能够做出别人不能作出的贡献。

我们要坦然地接受自身的局限。但从另一个方面来说，生活是丰富多彩的，我们可以改变自己的生活方式，这二者之间并不矛盾。生活的美妙之处在于，只要我们活着，就可以不断地发展自己。我们不应该未老先衰，让生活过于死板、僵化，而应该发挥创造精神，积极主动地创造新的生活。我们可以交新朋友，学习新技能，投入到新的事业中去。我们要学会接受自己——我们在某些领域一定是行家能手，而在另外一些领域却会力不从心。

天才并不多见，我们当中的绝大多数人是平凡的。但我们可以运用自己的才能，从平凡的生活中寻求不平凡的意义和乐趣。在每个人的内心中都潜伏着某种恐惧，我们不必为自己哀叹，应该接受自己感情上的脆弱。真正的智者既能看到自身的局限，也能看到自身的优势。他们有足够的勇气去面对生活中的苦与乐，积极地投身到生活中去，快乐地过好每一天。

我们不仅仅要接受自己，还要学着改变自己。在人的一生中，我们可以不断地从自己身上汲取新的力量，改变自己。不要再怨天尤人，也不要因为过去的失败而一蹶不振。我们完全有能力驾驭自身的力量，去影响他人，激励他人，改造社会，积极地投入到伟大的事业中去。当我们不再感到恐惧，不再沉溺于自我之际，我们感受到的将是自由，是真正的自我解放！

对经济问题的恐惧

在一些贫困的国家和地区，一旦考虑到经济和社会的未来时，人们便会感到恐惧，这是很自然的。这可并不是如前面说提到过的那个例子一样——只是想象中地毯下的蛇而已。这种恐惧是能够切身体会到的，是真实存在、有其现实原因的。

在经济萧条时期，很多人在经济生活中失败了，或者正在在经受失败的威胁。无数人害怕失业或事业上的失败。这些恐惧和焦虑都有其客观方面的原因，是无法用三言两语说服他们，消除他们的恐惧的。

作为一家之长，男人们都希望在自己的妻子和孩子面前建立威信，使他们相信自己的能力。而一旦失业，对他的自信心就是一个沉重的打击，就会使他感到自己是一个失败者，在妻子和孩子眼中，他过去树立起的高大形象也随之坍塌。这也许是失业说带来的最可怕的后果。

在竞争激励的社会中，对许多人而言，这种恐惧感始终笼罩在他们的心头，并挥之不去，令人忧虑重重。他们害怕不能实现自己的理想，害怕朋友们比自己更成功，更富有，更具有社会影响力。

我们该如何看待这些恐惧和焦虑呢？首先，人们应该明确，商业上的受挫并不意味着自己一生的失败。总统富兰克林·罗斯福曾告诫说："我们当今的经济体系是如此的庞大，它的原动力已经超出了个人的控制范围之外，比起个人的力量强大的多，人们完全没有必要为此感到惭愧。"确实，失业、破产以及工业上的长久混乱确实给我们带来了许多不良后果，但无论是在自己的眼中，还是在家人的眼中，我们都没有必要认为自己是一个失败者。

对经济问题的恐惧会给人们造成精神上的病态。在美国这个竞争激励的社会中，人们在各方面都进行着残酷的竞争，就像是参加马拉松比赛一样，行程仿佛难以看到尽头，很多人都为此深感忧虑。

阿布拉姆·卡丁纳博士的《社会心理学的前沿问题》一书引起了学术界的不少争论，在书中，他花了较大的篇幅来探寻人们追求成功的心理动机。他认为，在残酷的权力斗争中，追求成功的心理冲动会对人造成很大的伤害，会导致精神崩溃，或者导致心脏衰竭而死。毋庸置疑，在我们这个社会中，多数人的是“一切朝钱看”的，有太多的人不懂得享受生活，他们的生活目标只是永不知足的索取和占有。

他们无休止地追求财富，从而忽视了生活本身的乐趣和意义。这样的人，已经在精神上将自己扼杀了。在美国这样的社会中，各个阶层的人狂热地追求着物质上的富有。在追求奢侈和巨富的过程中，大部分人遭到了不可避免的失败，于是他们感到忧虑不安，蔑视自己。

追求卓越，向往成功，这大概是人类的本性，本无可厚非。但我们又是如何误入心灵歧途的呢？我们不是将过多的精力用来创造真正的成就，而是在无端地耗费在神经质式的内在消耗中。在今天，借助心理学的研究成果，宗教可以帮助我们弄清楚，人们为什么会产生病态式的偶像崇拜。

让人惊奇的是，人们崇拜的并非是金钱本身，金钱只不过是他们用来报复的工具罢了。金钱在他们看来就像是一支无坚不摧的宝剑，可以用来雪洗旧日的耻辱；同时，它又像是刀枪不入的盔甲，柔弱的孩子可以借着这种盔甲来保卫自己的幻想，以免受到伤害。很多人从未得到过精神上的真正满足，总是感到失意，其深刻原因在于：他们定下的目标并非自己真正的目标，只不过是别人眼中的价值尺度罢了。

他们只是由于社会文化环境的影响和刺激，才确定了自己的人生目标；或者是由于家里面的某个人比自己优越，总是支配他，才心生憎恶之感，定下自己的人生目标，决定要超越他。其实这些目标并未体现他们内心的真正渴求。

许多人并不了解自己内心这种深层次的动力，却总是受着外界环境的刺激，一辈子都在为物质做苦工。他们会这样想："我今后将有足够的金钱、足够的权势，来与你分庭抗礼，甚至将超过你。"他们这样定下自己的奋斗目标，其实无异于与虚无缥缈的鬼魂竞争，与很早以前的家庭成员进行成就上的角逐。所以，他们通常得到的东西并非自己真正想要的东西，并未取得真正的胜利，又怎么可能会快乐起来呢？

在当今拜物教盛行的时代，还有如下一种病态现象，这种现象几乎对每一个社区和团体造成了极大的破坏。一位先生本来有一个很好的家庭，经济条件也不错，但在他的眼中，某一天这一切都变成灰色了。这是因为，他发现原来不如自己的人，现在已经让自己可望而不可即了，他为此感到消沉。这倒不是因为他没有足够的东西来满足自身的需求，而是因为别人比他拥有更多的财富。恰恰因为别人拥有更多，他就感到烦恼不已，蔑视自己，低估自己的真实成就。这种病态心理就像是一条吞噬自己的毒蛇。

如此看来，我们应该对自己这样说："我们拥有的财富只要能够保证家人和自己的尊严和安全就行了，而并不在乎别人拥有多少财富和权力如果谁总是喜欢在人与人之间进行对比，经常问这样的问题：‘谁更富有？谁更有权力？’我会觉得非常厌恶，我会对他们的这种行为嗤之以鼻。我要独立地确定自己的人生目标，而不是在别人的眼色下行事。

对于成功，我有我自己的成熟理解。就是说，成功并非是虚假的，不是用来装饰人生，满足虚荣心的僵化物，它应该是人格的不断完善和自我的真正实现。我不愿意做追风的人，在空虚和无聊中度过自己的一生。我要过一种属于自己的，真实的生活，不仅仅追求自身道德的完善，也追求现实的乐趣和享受。”

在一个物欲横流的时代中，也只有保持这样的人生态度和心境，才能避免对物质利益的病态崇拜。如果是一个诗人，自己的十四行诗不如莎士比亚，我们也没必要因此而责怪自己；如果是一个音乐家，自己谱得曲子没有贝斯音乐那样的震撼力，我们也不会因此而看不起自己。我们知道如何去接受自我，我们会为自己的每一个进步而欢呼。如果我们是诗人或者音乐家，我们不会因为自己的艺术水平不及巨人而自惭形秽、止步不前，丧失自己的艺术才华。

心理学家认为，对自己要求过高或过严都是错误的。很多人认识到了这一点，从而走出了心灵的阴影。宗教应该吸取心理学的成果，告诫人们：没有必要无休无止地追求外在的物质财富，宗教应该帮助人们减轻对物质财富的盲目崇拜。

房子、珠宝、汽车、美酒、债券和股票，所有这些外在的财富，常常是我们借以进行人身攻击和报复的武器，我们用此来达到某种心理上的平衡，它们并非我们人生中的真正目标，我们应该摒弃这些虚幻的病态目的。在追求物质财富的时候，应该有所节制。这样的话才会体会到真正的心灵宁静。

我们不要因为幼年时代的失败而为自己树立一个虚假的目标，我们应该确定一个成熟的、符合内心真实想法的目标，并将自己的创造力投入到这个目标中去。唯有如此，我们的人格才会真正地成熟起来，我们才会感到幸福、快乐。

我们正迈向一个新时代。我们将建立医疗卫生保险制度、老年人福利保障制度和失业保险制度。那时，在一个民主的社会中，社会各阶层的道德水平将获得普遍性地提高，人们再也不必为贫困、疾病和失业问题而感到忧虑。反之，如果社会中大量的人没有工作、社会不稳定、到处闹饥荒，那么这无疑会对整个社会将造成巨大的破坏。

因此，我们要确保人们有相对体面的工作和稳定的社会地位。人类既然能够发明和生产杀伤力巨大的战争武器，我相信，在社会建设方面，人类同样能够施展自身的才能，去消除民众对经济问题的忧虑和恐惧。

在信仰中克服恐惧

在本章的最后，让我们来探讨一下宗教的、形而上的恐惧。多少年来，敏感的人们一直惧怕自己死亡，害怕自己被人遗弃。确实，有时候，我们会感到孤独，并会为生命的脆弱感到恐惧。想想人生的短暂和空虚，我们便可以更深刻地认识人类的本性。

世界上那些影响力巨大的宗教，比如基督教和犹太教，都会告诉人们——人类的一切都来源于上帝，无论是在现时中的这个世界还是未来的世界，我们都没有必要为自己的命运而感到忧虑。

上帝已经赐予了我们足够的力量，我们我们可以借此去对付世界上的一切艰难困苦，建立一种美好的生活。倘若上帝乐意让我们在这个未来不可预测的社会上继续生存下去，他会赐给我们同样的力量去面对未来的一切。

我们活在世间——我们可以呼吸，可以饮食，可以行走，还可以思考和幻想。与这个无限的宇宙相比，我们是非常渺小的！在我们的周围，涌动的是爱的巨流，我们无法完全理解，但我们的生命，却来自于这无边的宇宙中，这无边的爱！

在《缅甸日记》一书中，作者记载了他与战争受难者的一段对话。当时，那个地方遭受了猛烈的炮火攻击，人们的情绪变得十分恐惧。有个人说：“‘上帝关心我们’，我的意思是，上帝会帮助我们逃离苦难，我们肯定会得到解救，最好的结局不会是死亡。我们受到了轰炸，那些富有爱心的人并不觉得这是上帝抛弃了我们。无论我们生或死，是受到轰炸还是没有受到损伤，上帝都关心我们，也就是说，我们永远活在上帝之爱中。最大的罪恶是缺乏爱，活在一个没有爱的世界中比死在一个有爱的世界中更加不幸。我们不可能避免一些人间灾难，但如果上帝关心我们，我们就可以远离人间的罪恶。”

他的这一番话深深地感动了大家，给受难者精神上以极大的鼓舞。

在这个充满了爱和关怀的世界中，神圣的力量拥抱着我们——世界是值得我们信赖的。如果我们相信爱，相信这个世界，我们便不再害怕生活，也不再害怕死亡。我们已经具备了博大超脱的胸怀。

关于恐惧和忧虑的问题，我在这儿只论及了其中的一些方面。对所有人来说，一定的焦虑是在所难免的，是正常的。当今的社会，家庭的纽带越来越松散，国际间的对抗仍旧紧张不堪，经济和社会也在动荡不安，人们感到焦虑，这是不可避免的。对于这些不可避免的事情，我们要学会承受；对于能够改变的，我们要经历去改变。这便是人生的智慧——一定的困难、悲剧、损失和失败是人类命运的一部分，我们要学会忍受。

孩提时代的经历和隐藏在潜意识中的想法，会影响今后的情感体验，只要我们弄清了恐惧背后的真正原因，便可以轻松地去克服这种情感。我们应该综合利用自然科学、医学、宗教、精神病学的成果，扫除心灵上的紊乱和荒凉。

人类都有同样的情感体验，世间并非只有我一个人感觉到了恐惧和焦虑。我们应该坦然地接受自己，既看到自己的才能，又能看到自己的局限；既享受了生命中的快乐，也感受到了生活中的悲伤。有了这种坦荡的胸襟，我们又怎么可能会有无谓的恐惧呢?

此外，我们还可以通过努力工作来克服它。通过工作，我们将愤怒转化为一种创造性的力量，我们走出了以自我为中心的封闭世界，不再自哀自叹；通过工作，人们实现了自我的人生价值——工作给他们带来了人性的尊严；通过工作，人们创造了一个美好的社会，工作给人们以财富、安全和自由。

我们还可以在信仰中克服恐惧，我们相信生命的价值和意义。所有的痛苦和努力都是我们生命的一部分。对于我们有着特殊的意义，对我们弥足珍贵。

第六章 消除悲痛的步骤

没有悲伤的存在，人类也许就不能做到以深刻的思想和认真的态度去生活。我们要敢于直面悲痛，并超越它。

当你失去至亲时，应当遵循的第一条原则就是："将你内心的悲痛如实地宣泄出来"；第二条原则是："我们必须将自己从对死者的回忆和幻想中解脱出来"；第三条原则我们可以这样表述："如果死神斩断了我们一条非常重要的关系纽带，那么就去寻找另外一个人，帮助我们将这一纽带全部或部分的修复，这是非常重要的一件事情。"

约瑟曾告诫他的孩子们："孩子们，我知道你们不可能不悲伤，当千万不要过度地悲伤。"为什么？因为伟大的圣贤说过，人不应该沉迷于过去，而是应该着眼于未来。

没有悲伤的存在，人类也许就不能做到以深刻的思想和认真的态度去生活。我们要敢于直面悲痛，并超越它。

在奔腾不息的历史长河中，为了帮助人们克服对死亡的恐惧，宗教一直在想方设法地为人们提供慰藉和勇气。人生是苦短的，宗教已经通过各种不同的方式触及到了这个问题：宗教时常教导人们，在面对死亡时要保持坚忍克己的态度，坦然地接受这个无奈的事实；宗教也向人们宣称，死亡并非是什么不幸的事。其实，人死后就已经告别了这种让人觉得丑恶和丧气的世间生活，进入了不朽的天堂世界，那里有上帝的赐福。人们那颗战战兢兢的心灵也由此得到了永久的抚慰。

为了应对死亡带来的挑战，所有的宗教都有属于自己的圣术，将生命的终点——死亡置于庄严肃穆的光圈环绕之下。天主教堂创造了“安慰术”，它建立在圣乐和圣言的基础上，包括礼拜圣歌的音调，永恒赞美诗哀伤的演奏，以及关于死者美德和仁慈的追忆。天主教让活着的人，伴随着那些穿过黑暗深谷的人度过那段令人悲戚的时光。

面对死亡的时候，各种宗教仪式不管在形式上和内容上有多大的差别，但它们都有两个共同的功能，即把死者安全地送过那条遗忘的河流，到达永恒的彼岸。同时，造一座桥梁，让那些失去近亲密友的人从悲伤中解脱出来，开始新的生活。

从一定意义上讲，宗教关于死亡问题做出的努力是一个英雄般的壮举。一方面，它断言死去的人已经从不满苦难的尘世生活中解放了出来，他们或者进入了一种上帝恩赐的永恒状态之中，或者进入了一个更加超越的王国；另一方面，它召唤着那些受过悲痛熏陶的依然还存活的人，使他们重新接纳新的赐福并承担起尘世生活的重负。

换句话说，宗教在陷入困境之前总是不断地调整着自己，就像走钢丝的人一样，需要在空中不停地摆动着自己的躯体，以求达到平衡。为了避免沦为彻底的神秘主义，宗教必须认真对待那些即使是相互矛盾的观点。

例如，一种观点是：人的一生不过是一种悲剧，短暂的一生无比脆弱。另一种观点却又认为，人生尽管脆弱，但有其价值所在。宗教要抚慰死者的亲人和密友，但不能为此而打击他们的生活热情。如果宗教走向了极端，对这个世界持有贬斥的态度，片面的夸大其缺陷，实际上所起的作用不过是暗暗地鼓励一种病态的生活，是在宣扬悲观主义。这样，宗教就从人生的根基处销蚀了人们对生活的渴望，将心智健全的人引向了歧途。

当所爱之人离开我们之时

当所爱之人离你远去之时，你难免会产生消极悲观的想法。数十个世纪以来，面对死亡的威胁，诗人、文学家和哲学家已经写出了无数伤感的作品。命运的丝绸被无情地纺织成各种让人惨不忍睹和不堪耳闻的现实，这使他们痛苦不堪。他们用生动的语言来表达了这种无法忍受的分离之苦和命运的不公。

正当热爱生命的人们痴迷地享受生活之时，命运总是无情地将匕首插进了他们那充满活力的躯体。年轻的时光在不断地缩减，衰老正在沿着迷茫之路向我们逼近，于是诗人哭泣了，我们也随之哭泣。

这个充满魔力的黑暗宇宙竟能够在一瞬间将谈笑风生、具有灵性的艺术家、科学家、儿子、母亲变为一间间空荡荡的黏土小屋，变为黑色的丧服和一杯冰冷的黄土，于是诗人反抗了，我们也跟随着反抗。大部分人都心中都充满了生活的渴望，但死神却总在不经意间凌驾在我们的头上，无情地统治着我们，这也许是诗人们全部怨恨之所在。

无论给予怎样的解释，有一点是不可否认的：文学中死亡的问题上更多表达的是积极反抗，而不是逆来顺受；不是眼泪和悲伤，而是勇往直前。

顺便提一下，古代巴勒斯坦和古希腊的作家与同时代的诗人在死亡问题上的态度是一致的。尽管两千多年前的作家与现代的作家所使用的语言和表达方式可能不尽相同，但他们在这个问题上的观点却没有多少本质上的区别，这也许说明了人类的理性总是有限的。

如果缺乏良好的形式去表达我们的感情和思想的主旋律，我们都会成为充满困惑的孩子。二者之间的结合产生的新形式上无限的，但其根本的主旨是一致的：勇敢和懦弱，克制和自怜，因为悲痛而奋起或因为伤感而消沉。

当然，并非所有的宗教都在以同样的方式处理这个问题。东方宗教是建立在对现世的否定和对极乐世界的向往的基础之上的；基督教的一些流派对现世既肯定又否定，徘徊于其间；犹太教的主要传统上致力于减少病态和悲观，让其追随者对生与死有一个理性的认识，勇敢地将死亡这个角色承担起来，认可现世生活的乐趣，使人们免于过分的悲观失望或患得患失。

从传统上来看，宗教是依赖信念来帮助人们去摆脱痛苦和死亡的困扰的。它尝试着通过宣扬人性不朽而对人民加以安慰，它告诫人们要听天由命。但对那些失去亲人和挚友而陷入悲痛之中的人来说，单单依靠逆来顺受是不够的，还要在情感上受到悲痛的熏染，这样才能够使他们积极而不是消极地驾驭痛苦与悲伤。

在漫长的历史长河中，人类已经总结出了摆脱悲痛的“精神胜利法”，诗人和哲学家也可能凭借直觉得出一些解决这个问题的办法。

适当地宣泄自己的悲痛

到目前为止，人们对如何摆脱痛苦这个问题，还没有提出来一个完美的解决方案，人们对这个问题仍旧存在着极大的分歧。是将悲痛的情感宣泄出来呢，还是要将其压抑在内心的深处？是要将痛苦表现出来呢，还是要隐藏起来？是让儿童直面痛苦，还是应该将他们与痛苦隔绝？这些问题总是要触及人生中极其重要的领域——对我们注定要从这个地球上消失这一事实的情感反应。

今天，残酷的战争必定会给无数个家庭带来噩梦，因此对这些问题的回答愈加迫切。如果男人和女人不知道如何去面对失去亲人的事实、不能去调整自己，那么，其下一代就不可能过上真正的幸福生活。

之所以得出这样的结论，是因为那些拖着痛苦的身体和那些夹着病态的心灵，根本不可能成为幸福生活的设计者。我们将会看到，面对痛苦时，人们所采取的不明智态度，将是许多生活疾病和心理失调的根源。

人的情感生活是极其重要的，但这个领域却常常被精神病理学家所忽视，他们总是将研究的重点放在性、仇恨、生理缺陷所引发的精神疾病上。改变这一领域的先行者是哈佛大学的著名精神病理学家林德曼博士。他在马萨诸塞州医院的诊所里面对大量的病例进行了研究，发现了一些新的有关于正常和病态痛苦反应的结论。

在一些病例中，如果病人失去了对他来说是至亲的人，那么，他的病理反应一般要持续几周，甚至是几个月。在这一段时间内，病人会感觉到身体疼痛，死者的影子也常常在他面前晃动，他对生活丧失了兴趣，总是怀有一种深深的负罪感，觉得自己的生活失去了引导。

几乎所有有过失去亲人经历的人都会产生上述反应，只是程度有轻有重。如果这些反应被看做是一种暂时的现象，如果一个人足够明智，勇敢地将极度的悲伤承接下来而不是去逃避它，将这种情感发泄出来而不是去压抑它，重新调整与夺走他亲人的环境之间的关系，并能够建立起新的人际关系——如果能够做到这些，那么，我们就找到了一套真正应付悲痛的策略，从而为消除了将来可能患焦虑神经症的隐患。

但是，林德曼博士发现，一些病人总是试图去压抑自己的悲伤情感，结果，这种压抑或早或晚地引起了一些病态的反应：有些病人开始对世界充满了敌意，时常会莫名其妙地大发脾气；还有一些人在亲人死后，患上了严重的抑郁症。他们没有意识到，现在的焦虑其实和早期对悲痛的逃避有着必然性的联系。

据统计，在40个患有糜烂型结肠炎的病人中，有33个人的病因与“在失去至亲的日子里”有关。如果精神病理学家能够帮助他们打开情感的闸门，从而解除掉那些使得悲伤无法宣泄的羁绊。患有心理疾病或者精神失常的病人的病情（无论这种精神失常表现为与社会完全隔绝，还是处于被压抑的焦虑之中）是能够得到改善的。这样，他们那种病态的悲痛反应就会变得更为正常，从而为建立起应付未来生活的健康的心理机制。

这位精神病学家出色的研究工作说明，在人的一生中，丧亲的痛苦经历是各种类型的焦虑神经病和心理疾病的根源，大多数的抑郁症和精神失常都是由它而直接或间接引起的。有些人强烈地压抑着自己的悲痛情感，这种压抑是他们精神紊乱的罪魁祸首。

当医生诱导这些病人去重新体验丧亲之时的悲痛，并让他们将这种撕心裂肺的痛苦无所顾忌地宣泄出来时（这些痛苦在亲人刚刚去世时就应该宣泄出来），病人压抑的情感得到了释放，灵魂也得到了净化。当医生说服这些病人，把本应该在亲人丧礼上以及亲人死后的那一段日子中表现的痛苦和哀伤宣泄出来时，他们的病情就得到了明显的好转，这种方法对舒缓悲伤情绪有着良好的效果。

如此一来，动机心理学就能够协助宗教同人类的悲痛和忧虑作斗争了，这种悲痛和忧虑是成人们和孩子们都会遇到的。对于死亡的问题，我们也许再也没有什么好说的了，但在对于死亡的态度上，我们却还有很多观点要阐述。

当对悲痛所引起的病症进行治疗之时，我们在林德曼博士的临床研究中发现了很多明显的宗教遗迹。心理学家的任务之一便是将正常悲痛和病态悲痛的感受区分开来并进行解释，然后，我们根据宗教体验和自己的需求去解释这些事实。

我们必须抵制那些毫无根据的推论。整个人类有着各种各样的性格：有些人比常人更加沉着冷静，这是由他们的某些生理特质所决定的；还有一些人则极其的敏感，即使是一点小小的失望和挫折也会让其痛苦不堪，好像这些失望和挫折是生活特意安排给他们的；有些人比较细心，而有些人则特别粗心。总之，社会上的人存在着各种各样的性格，人类的个性也可以分为好几种类型。

进一步讲，如果说一个天真烂漫的孩子或者是一二前途光明的青年突然离世而去，他的家人就会陷入极度的悲痛之中。但是，如果是一位年龄已经远远地超过了社会平均寿命的老太太去世了，人们就会显得格外的冷静和沉默。我们必须明白的是，性格各异的人在面对他人的死亡时，其情绪反应也是各异的。有时人们不感到悲伤，有时人们感到悲伤并将其显露出来。但这些都是由一种富有生命力的、强有力的个性所决定的。

有时候人们感觉了悲伤却将其压抑在心底，这种悲伤反过来却控制和支配了人的所有性情。研究表明，这种情况是极其有害的，是应该采取措施去避免的。

现在，我们将开始分析一种悲痛下的体验，这种分析会确立起帮助心理获得健康的一系列原则。如果一个人失去了他的一位至亲，这位至亲和他有着非常亲密的个人的关系，那么，这种情况给他带来的直接后果就是内心的极度悲伤和心理上的失衡。他会感到再也没有人去引导他的行为了，世界也不再是过去那个样子了，而是变成了一个杂乱无章的垃圾场。悲伤、痛苦、孤独、绝望占据了他的整个心灵。在这种情形下，他是向这些痛苦的体验缴械投降呢，还是要彻底地任其击垮呢?

一些人认为，将悲痛情绪发泄出来会导致人的崩溃，这种观点是对人性的极大误解。没有任何人会因为适度地去宣泄自己的情感而面临精神崩溃的危险。相反，误解、压抑以及对人类正常感情的否定却是导致精神崩溃的主要因素。

人类的性格是坚忍不拔的，是能够经受得住许多不幸和折磨的。现代社会中流行着这样的一种观念：人们必须要自我设防，珍爱自己，防止情感的过度迸发。这种说法是何等的荒谬！危害我们身心的原因并非情感的宣泄，而是当悲痛潜伏在我们内心之时，损坏和撕裂我们的灵魂之时，我们对此还视而不见。

消除悲痛的三条原则

当你失去至亲的时候，应该遵循的第一条原则应该是："将你内心中的悲伤如实地宣泄出来。"千万不要因为你的强烈情绪而感到羞愧，也不要害怕因为精神的过度紧张而导致身心的崩溃，你现在感觉到的痛苦恰恰是你以后能够健康痊愈的必经之路。

对丧亲者而言，朋友这时候能起到的作用就是要对他的悲痛产生共鸣，而不是去转移他的注意力，这是朋友在他痊愈期间应该采取的办法——寻求机会与他谈论一些关于死者的事情，和他遗弃回忆死者的美德和品质，从而将悲痛引发出来。

处于丧亲之痛中的人们应该遵循的第二条原则是："我们必须将自己从对死者的回忆和幻想中解脱出来。比如一对夫妇，他们在一起工作，和睦相处，共同奋斗，相互分担着彼此的成功和失败，都希望这种婚姻模式能够永远地存在下去。如果其中的一个不幸离世了，这一美满的婚姻就出现了一个令人伤痛的空缺和无法弥补的裂缝。

死亡是突如其来的事实，但让存活着的一方从刻骨铭心的伤痛记忆中摆脱出来，开始全新的生活，却是一个非常漫长的过程。他（她）们整天幻想着爱人能够重新出现在自己的面前，尽管这种想法根本不可能实现。如果这种失去爱人的痛苦和孤独能够被勇敢地承受下来，他（她）就能够咬紧牙关，超越悲伤，而不是去躲避和压抑它，他（她）的精神就会很快地趋向平衡，生活也会很快地恢复正常。

自身的语言也是一种魔力，它是一种天赋的能力，能够与药物配合治愈那些承载过重的心灵。向别人去倾诉吧！说一说逝去的爱人对你的重要性，这样，就会逐渐地承受住了丧偶之痛。

从更深的角度而言，我们总是生活在各种各样的人际关系上。和快乐的人在一起，我们也会感到快乐；和智者生活在一起，我们也会变得充满智慧，愿意去思考；和一位著名的画家在一起，我们也会体验到艺术的崇高和唯美。我们每个人都是一座大矿藏，里面有着丰富的矿产，在等待着矿工的开采。

我们每个人都有着不同的潜能，只是等待着我们的朋友、同事以及爱人来挖掘，将我们的热情、智慧和才能变成现实的力量。然而，在失去亲人的痛苦岁月中，许多人都在犯这样一个错误：他们自己将这一矿藏的大门紧紧地关闭起来，并把朋友拒之门外。他们不可能想到，正是这些新朋友和新同事能够从这一矿藏中挖掘出名贵的矿产。如果你整日郁郁寡欢，陷入了悲痛之中而不能自拔，这一矿藏最终会慢慢地荒废，最后，只剩下了破败的蜘蛛网挂在未被开采的矿坑上。

离开我们的人，已经无法在生活的钢琴上演奏出什么优美的旋律了，但我们不应该因此而将琴键锁起来，让钢琴在生活的角落里布满灰尘。我们应该去寻找那些热情洋溢的艺术家，寻找新的朋友，他们或许能够帮助我们再次踏上新的人生之途。在这条道路上，他们将和我们一道肩并肩，手拉手地前行。我们要先试着和他人在语言上交流，并逐步寻找机会显露自己的性情，从而确立起同他人交往的新方式，开始新的生活。这就是我们所说的第二条原则，照着此原则行事，我们不仅能够治愈生者的创伤，而且还能够告慰死者的在天之灵。

第三条原则我们也可以这样表述："如果死神将我们一条非常重要的关系纽带给斩断了，那么我们就去寻找另外一个人，用来全部或部分地修补这一关系，这是非常必要的一件事情。"

一个失去至亲至爱的人如果非常希望自己回到与过去相同或相似的生活环境中时，就必须或多或少地恢复这一纽带。例如，一个失去幼子的母亲，将会体验这个世界上最大的悲伤和痛苦。因为她和她的孩子都依赖于这一纽带，还没有成为独立的个体。这样，如果孩子离开了人世，这个母亲就好像失去了自己身体上的一部分，失去了一只眼睛或一条腿。这一悲剧发生后，她和儿子之间的这种爱的关系必须通过某种方式重新确立。怎样才能修复这一层关系呢？

我们应该鼓励这位母亲去托儿所工作，护士长和心理学家应该引导这位母亲，将她在母子关系中确定的那种行为模式转移到照顾一群孩子的工作中去。

如果这位母亲很快地去领养了一个孩子，以此弥补失去儿子所造成的情感缺失，我觉得这不是一种明智的选择。将爱迅速地转移到一个陌生人身上，潜意识中她会觉得这种做法是对逝去的孩子的一种不忠诚，这个领养的孩子可能会成为这位母亲潜意识中强烈的敌对情绪的牺牲品。假如这位母亲先去托儿所工作一段时间，去照顾那些孤苦的孩子们，也许会将她潜意识中的敌对情绪在一个比较大的圈子内淡化，这才是一个比较明智的做法。

当深度的心理创伤逐渐愈合，她就可以再领养一个孩子或者再生育一个了，这样才会将那份成熟无私的爱献给新的孩子。这里我们所说的只是一个比较典型的例子，它说明了我们在失去至亲时应该采取的办法。这是一个在固有关系错位后进行修复的过程，也是一个寻找新的生活模式、使之与原先被死神所破坏了的生活模式想接近的过程。

我们必须勇于直视这种悲剧，不要奢望已被造成的心理创伤能够奇迹般地愈合。死去的人们如果在天有灵，是不愿意看见我们在空虚、悲痛、自暴自弃或自怜自悯中过活的。如果我们能够果断、无畏地面对现实，是能够做到死去的亲人所期盼的一切的。

当耶路撒冷的第二大庙宇被破坏之时，很多犹太人都厌倦了生活。他们整日处于一种低迷的状态，为死去的儿子和女儿以及化为灰烬的庙宇而痛不欲生，不吃不喝。约瑟告诉他们："孩子们，我理解你们不得不去悲伤，但千万不要过度地悲伤。"为什么？因为伟大的犹太圣贤说了，人不应该总是沉湎于过去，而是应该着眼于未来。只要我们一息尚存，我们就应该听从宗教的召唤，追求幸福的生活。

今天，我们必须将这些明智的教诲牢记在心中。如果我们深爱的人离我们远去了，我们应想到，在他病重的时候，我们以及照顾和服侍了他们好多年了，对此，我们应该问心无愧。我们应当再去寻找那些需要我们关爱和照顾的人，他们也需要我们的爱。这种爱的奉献是治愈我们创伤的辅助药品，它能够帮助我们走出情感的低谷。

如果一个儿子、兄弟或者丈夫在争取自由的战争中不幸牺牲了，我们应该化悲痛为力量，积极地投入到新工作中去，完成他们未竟的事业。我们应该接过他们手中的旗帜，充当他们的信使和代言人，去完成他们毕生为之奋斗过的事业。他们活过、努力过、笑过、付出过，虽然以后的日子他们不再和我们一起度过，但我们要前仆后继，更加努力，实现他们的遗愿。

至此，我们看到了，如果与个人遭受到了丧亲之痛，首先应该让他将这种悲痛宣泄出来而不是去压抑它，这在往后的日子里更能够帮助他适应生活。其次，让亲朋好友们帮助他去寻找一些与过去相近的生活样本，培养出一些新的兴趣，这些能够用来弥补死者在他心中留下的空缺。

当然，这样的过程不可能毫不费力，自然而然地完成，悲伤者必然会度过一段孤独、空虚的日子。在这段日子中，他会绝望至极，对世间事务缺乏任何的兴趣。即使是在程度很轻的悲伤中，人们也不会很快地走出阴影，重新燃起对生活的热情火焰。

情感不成熟的人

在上一章中提到的消除悲痛的三原则，主要适用于那些心智成熟的人们，他们在遭受失去亲人的心理打击之前，其情感上是很成熟的，这种成熟体现在他们处理亲缘关系时的完整人格。但对于那些在情感上还未成熟或者总是受到无休止争端干扰的人来说，这些抵制痛苦的原则是很难起作用的。

如果这些人总是陷于那种厌烦的、不健康的情感漩涡中，我们就很难帮助他们将病态的、不正常的悲痛转化为有利于健康的悲痛。例如，一个儿子在平时的生活中完全依赖于他的母亲，从来没有离开母亲而单独生活过。如果母亲去世的话，他就会感到无事可做，以后的生活中就会出现一个情感的真空。他从来就没有真正地从对母亲的依赖中解脱出来，他母亲的离去对他来说无疑是一个晴天霹雷，他的心已经死了，尽管他还在呼吸，还在重复着每天机械式的动作。

我们之所以为亲友的死亡而伤心，是因为这种事情在我们的人生历程中是罕见的，它的罕见程度远远地超过了文学作品引起的想象力。莎士比亚曾经这样说："人死了后……虫子吃掉了他的尸体，但并非因为爱。"无数关于死亡的例子说明，人们对死去的人们的爱，体现的是人类消极的、依赖性的一面，而不是一种健康的，成熟的人际关系。

长年得不到缓解的抑郁症是鲜有的，这个事实足以说明我们的世界充满了爱。但抑郁症发生的病例又实在是太多了，这让我们对此不得不产生一些怀疑，这至少说明了人与人之间的爱在一定程度上是不可靠的。现在，依赖的靠山没有了，人们就无法忍受了。如果一个人陷入悲痛而不能够自拔，一点也不为自己往后的日子着想，甚至淡忘了自己身上的责任，这不正说明了在他的爱中存在着某种缺陷吗？他根本就没有真正地成熟起来，成为一个可以自立的人。

当一个人从这个世界上消失后，坟墓就成了他永远的栖息地，他是永远也体会不到亲人正因为他的死亡而逐渐沉沦。我们也许很难相信，一些人与其说是为了亲友的死而哀伤悲痛，倒不如说他是在为自己哀伤痛苦，为自己的生活中缺少了依靠和向导而哭泣。因此，心理学家和宗教人士现在比较迫切的任务，就是要帮助这些尚不能自如地处理亲缘关系的人，让他们在亲人离开之际，就在情感上慢慢地成熟起来。

近来，我在读美国著名诗人罗伯特·弗勒斯特的《家中的葬礼》时，发现了一个悲痛异常且倾向于自杀的例子。这首诗描写了一个因失去儿子而陷入悲痛不能自拔的母亲，她拒绝生活，也拒绝丈夫的爱，而且她还将悲伤深深地藏在自己的心底。丈夫想尽一切办法来打开妻子的心扉，和他一起去分享苦难，他如此恳求妻子重新将生活的火焰点燃：

让我进入到你的悲痛之中吧……

尽管你自己能够承担得起，

是谁让他成长，又让他的母亲失去了第一个孩子。

在爱面前，一切都无法抚慰。

这位母亲仍然拒绝去化解自己的悲愤，他已经决定让自己继续沉浸在悲伤之中，他不无痛苦地对丈夫说：

朋友们假装着共同走向了坟墓，

但死神来临，我们都掉头了。

他们千方百计地要回归生活，回归那些可以理解的生命。

邪恶的世界啊，我不要这样的痛苦，

如果我们能改变它。

噢，我不要，我不要！

消除不必要的负罪感

还有一个原因造成了我们心理上的焦虑，那就是负罪感。这种负罪感在生者与死者之间构筑了某种微妙的关系，这个原因人们关注得很少。几乎很少有人能够认识到自己的各种情感是经常混合在一起的，即使是在爱的过程中也可能掺杂着怨恨，我们所接受的教育，以及宗教情感的熏陶使我们为此而感到羞愧难当。

绝大多数人在他们的一生中从来就不敢承认他曾对自己的亲人和朋友怀有憎恶和怨恨。这样，人们在社会习俗的强迫下变得逐渐虚伪起来，更为不幸的是，这种虚伪已经渗入到了自己的潜意识中，自己根本就难以觉察。

有这样一个女儿，她的母亲经常使唤她、奴役她，使她成为自己强烈占有欲的牺牲品。但在道德律令的束缚下，在他自己生命职责的感召下，她仍旧强迫自己去爱戴自己的母亲。因为社会教育儿童要“尊敬你们自己的父母”，所以女儿觉得，将自己的一部分献给母亲是自己不可推卸的责任。在母亲死后，女儿患上了严重的焦虑性神经症。

一个心理医师给出了这样的解释，这个女儿之所以得病，是由于她觉得自己并没有尽心尽力地照顾母亲，从而陷入了深深的内疚之中，她在为母亲的去世而感到悲痛。其实，真正的原因是她潜意识中对母亲的憎恨。实际上，在她母亲死后，她对母亲的憎恨再也没地方发泄了，这才是她患病的真正原因。

在一定的程度上，这种情况在很多人的身上也曾发生过。他们从来就没有勇气承认自己确实憎恨过自己的父母、丈夫或妻子。从心理上讲，他们是生活在了自己编织的谎言之中，从来就没有意识到，爱其实是一种混合物，其中掺杂着怨恨和敌对的情结。他们从来不敢承认自己在某个时期内爱的情感中蕴藏着恨这一事实。如此，在亲人离开他们后，他们就过度地陷入了病态的负罪感之中。他们不可能再向死者发泄心中的怨恨了，于是，便将这种怨恨发泄到了自己的身上！这种深藏在自己内心世界并得不到发泄的仇恨久而久之就变成了一种心理上的疾病。

社会教育我们不应该对死者的过失念念不忘，要记住死者优秀的一面。这样，我们只能沉默了，心里面的憎恨也就无从宣泄了，唯一能够做到的就是在心里默默地记住他们的缺点与不足。当一个人因悲伤过度而陷入了病态，即便是一点不起眼的矛盾和失败也会让他满怀罪恶感。

在这里，我们开始怀疑，所谓的悲伤和内疚只不过是表面现象而已。透过这种表面，其背后才是心理混乱的真实缘由，那就是在与我们的父亲、母亲、丈夫和子女生活的过程中，积压在我们心中的不满情绪和怨恨。倘若真是这样的话，我们应该怎样消除这方面的心理疾患呢？

宗教在这儿派上了用场，它以赎罪的方式为这些病人提供了发泄这种病态情感的渠道。宗教向他们的信徒们保证：上帝是会原谅他们那些不为自己所意识到的罪恶的，只要他们能够忏悔自己的罪过，做一些有利于社会的善事就可以弥补自己的罪恶。当家中的一个成员离世后，将他的遗产和遗物捐赠给慈善事业和宗教组织，这样的举动就能够起到治疗疾病的效果，因此他们通过这种捐赠行为将潜意识中对死去亲人的憎恨发泄了出来。

现代心理学也可以提供一种有效治疗这类病症的方法，那就是通过参加强度较高体育运动。心理学家发现，进行高强度的体育运动，有利于病人内心的自我指责、自我摧残情绪的释放。受过现代心理学专业训练的宗教人士也认为，对悲痛者而言，每一次爱的体验中都掺杂着怨恨的成分。

一个人如果能够认识到，世界上不存在完美无瑕的人，即便是对自己最亲近的人也如此，例如，父母、兄弟或同事，对他们怀有仇视的心理，也是十分正常的，那么压在我们心头的那个不必要的负担也就卸去了，就如阳光普照大地，那些成年累月笼罩在生命地平线上的乌云就会被驱散殆尽。这样，悲伤者就会从深深的负罪感和受压抑的痛苦中解脱出来。

宣泄是超越痛苦的良方

精神病学领域的各项研究都表明，应当将痛苦宣泄出去而不是试图去压抑它，应该向自己的伙伴、朋友倾诉而不是去逃避，应该摆脱掉一蹶不振的情绪，应该去积极地参加各种各样的社会活动，这是相当必要的。这不由得让我们想起了，古代犹太的智者对人性及人的需求就曾有过这种敏锐的觉察，而这些早已被我们这个开放、富足的时代所遗忘了。

实际上，传统的犹太教就已经设计出了医治心灵悲痛所需要的全部方案，这些方案对现代心理学家仍具有现实上的指导意义。所不同的是，那时候的犹太人还没有现在科学实验上所具有的仪器，也不可能像现在一样进行系统化的病例研究。当然，他们也不可能了解这套方案之所以产生效果的深层次原因。

《圣经》中记载，对于亚伯拉罕、雅各和大卫而言，表达痛苦是没有必要去掩饰的事情，也不是什么羞耻的事情。我们的祖先就敢于当众嚎啕大哭，敢于撕破身上的衣服，为死者穿上丧服，敢于为信仰而禁食。

在犹太文学中，我们可以读到这样的话："哀悼期可以分为四个阶段：前三天是第一阶段，要为死者哭泣和哀伤；在第二阶段，死者的家属要足不出户，待在家里面怀念和赞颂死者生前的贡献。这一阶段要持续到第七天；接下来的第三阶段持续到第三十天，在这期间，死者的家属要脱下各自华丽的服饰，穿上色彩较为晦暗、沉闷的衣服，以表示对死者的哀悼。如果去世的是自己的父母亲，哀悼期还要进入第四个阶段，这一阶段的时间很长，要持续一年，期间不允许参加任何带有娱乐性质的活动……"

丧礼结束之后，哀悼期进入了第二个阶段。此时，七天之内，死者家人必须足不出户，必须坐在地上或板凳上阅读约伯的著作。他们的第一顿饭是由邻居提供的，称为"安慰饭"。所有的朋友、邻居和亲戚都要来探望一下，但说话的内容要局限在对死者功德的赞颂上。

古代犹太人就是如此来表达自己的悲伤的。从中可以看到，他们非但不抑制这种情感，反而通过大哭、撕破衣物、反复朗诵《圣经》中的感人章节，制造出一种并不让人感到羞愧的悲伤氛围来刺激它的宣泄。犹太智者还规定：在死者家中谈话的主题应该围绕死者展开，为家属提供机会表达失去亲人的痛苦。

在著名的伦理学著作《智者的箴言》中，我们可以听到古希腊的大智者——埃利亚学派的创始人西米恩的建议。他说：“当邻居亲人的尸体还停放在他们面前的时候，你不要想方设法地去安慰他们。”在这里值得注意的是，传统的犹太教在人们哀悼自己亲人的过程中是极度悲伤的，而后通过七天、三十天、一年来逐步地消减悲伤的程度。

在怎样摆脱死亡带来的悲伤这个问题上，传统的犹太教采取的方法是可以从现代心理学中找到根据的。但现代很多崇尚自由主义的教派在处理这个问题时并非如此。我们现代人深受周围环境的影响，总是因自己的情绪化而感到羞愧，不敢面对残酷的现实生活。如此一来，我们对自己的情感不是在压抑，而是在逃避，这两种做法都是缺乏明智的。

现代自由主义宗教人士和宗教领袖仍然相信这种不符合心理学的错误观点，他们甚至将死亡看作是一种人的幻想。在安排丧事的时候，制止人们大哭，不许人们宣泄感情，也禁止“有损尊严的场面”出现。于是，灵柩埋在了鲜花丛中，黄土也隐藏在了一片虚假的绿色之间。

毫无疑问，这样的做法都是出于好意，他们是为了让死者的家属避免过度地悲伤，害怕他们的情绪突然爆发会伤害身心。同样，亲戚和朋友几乎使用了所有的谈话方式去转移他们的注意力，这些做法的动机也是好的，为的是让他们不要总是想着死者，减轻一下他们那极度的悲痛。

但遗憾的是，这些做法都是不恰当的，结果往往会适得其反，因为这些错误的方式建立在了这样一个假设之上：即人是不应该去惩罚自己的；沉溺于一种情绪当中对人是有害的；失去亲人的人应该保护自己，不要有什么绝望的念头；要掩饰自己心中的痛苦，要避免直接面对生活中最痛苦的事情。这样一来，表达自己的真实感情反倒成为了一种禁忌。但在整个20世纪的上半叶，人们对人类的情感认识大体上就是这样的，而上面那些做法也是这种想法的反映。

从一定的意义上将，当人们处于悲痛之中时，整个现代文明的虚伪性就暴露无遗了。现代人为了安慰自己，炮制出了一个完美无瑕的上帝，这说明文明已经对现实产生了十足的恐惧感。为了逃避痛苦，压抑悲伤，文明的精神也在不断的萎缩着，这是何等的可怕啊!

弗洛伊德坚信，如果没有通过恰当的方式将自己的真实情感宣泄出来，这种情感并没有真正地消失，这是他在心理学领域上开创性的伟大发现之一。他指出，这些潜藏着的情感，是精神失常和心灵伤痛的根源所在。它们因无处发泄，就以精神疾病和心理疾病的形式表现出来，用来反击和报复它的主人。

现在，很多人都倾向于认为，这种关于情感生活的心理学说只能用来分析性欲。但林德曼博士关于悲痛情绪所做的试验表明，人的所有情感都需要有节有度地表现出来，不仅仅只有性欲才如此。任何一种情感过度压抑最终都有可能以精神的崩溃和失常收场。

最新的心理学研究表明，当我们面对失去至亲这一残酷的现实时，我们应当把当时的悲痛毫无保留地宣泄出来。当然，当我们不再感觉到痛苦了，我们也不要假装悲伤了。

例如，当一位年迈的父（母）亲因患不治之症而去世了，我们就不会感到非常悲痛了。从一个方面看，如果我们确实感到极度的痛苦，我们不必害怕将其表露出来，或担心对别人造成伤害，不要在传统习俗的压力之下压抑自己的情感。

当然，也不要奢望能够迅速地获得别人的慰藉。实际上，痛苦体验在一定程度上是最具治疗作用的，正常的悲痛如果不能及时地得到宣泄，以后就很有可能陷入更加痛苦的深渊。别忘了，我们身体中的泪腺就是应付这段悲伤时光的。我们不但不要因为悲痛而感到羞愧，要深信痛苦并非像现在这样永久地折磨着我们，而且要学会向别人倾诉。

通过与朋友和同事之间富有创造性的谈话，我们完全可以修复那已经破碎的情感世界。我们不应该抵制来自社会交往的各种同情和各种刺激，我们应该学会拒绝对这一较慢的痊愈过程表示出厌烦的情绪。

我们要加强身心上的锻炼，并充分地认识到，从悲伤的低谷中走出来，恢复宁静的生活需要经过很多阶段：不可忍受的痛苦期、悲伤期、空虚无聊期、抵制安慰期、厌倦生活期，然后在爱、友谊、社会竞争这些积极因素的作用下，逐渐地改变自己的行为，应对生活所发起的挑战。

要将真相告诉孩子

如果悲痛的心情得不到很好的把握，不仅成年人的生活会变得扭曲，儿童也会如此。在死亡这一问题上，成年人常常会欺骗儿童，这种做法所酿成的人间悲剧远远地超出了我们的想象。这种情况是经常发生的。

例如，一个父亲死了，抛下了妻子和一个年幼的孩子。当进行葬礼的时候，母亲将孩子送到了一个不经常来往的远亲家中。这位母亲和所有的亲朋好友都对这个孩子隐瞒实情。从此之后，再也没有人在这个孩子的面前提及父亲的名字，如果是偶然提到了，也会迅速地转移到别的话题之上。对于父亲去世这个铁一般的事实，大人们之所以保持一种欺骗性的沉默，是因为害怕孩子会受到伤害和打击："他实在太小了，不能让他知道真相。"这个动机无疑是好的，但整个隐瞒的过程会极度地扭曲孩子的情感，这又是多么的不幸啊！

以上的说法不仅仅是一些推测，在现实生活中我们就常常遇到这样的例子。这些病例充分地说明了，向孩子隐瞒真相是何等的危险，尤其是在悲痛和死亡这些重大的问题上更是如此。

有这样一个例子：有两个孩子，一个是四岁，另一个是五岁，他们是亲兄弟。他们的父亲不幸去世了，他们的母亲是一个谨慎、腼腆的女人，认为过于悲痛的场面与社会行为准则是很不协调的，于是便将两个儿子送到了他们的一个叔叔那儿，不让他们看到葬礼的仪式。三个星期过后，两个孩子回到了家中，当然也就看不见父亲了。当他们问及父亲的时候，有人告诉说他们的父亲已经到了一个很遥远的地方了。这些人认为，这样就万事大吉了，孩子们不会继续地追问了。

实际上，孩子们对这样的答案并不满意，他们开始动用不成熟的想象力了。这两个孩子苦思冥想。最终得出了一个可怕的推测：是他们的母亲将他们的父亲杀死了，然后将父亲的尸体藏了起来。尽管他们并没有向任何人透露这一可怕的想法，但他们确实是带着这种想法长大的。

在整个童年和青年时期，兄弟俩的头脑中总是缠绕着这个可怕的念头：父亲是被母亲杀害的。久而久之，他们都患上了严重的恐惧症。哥哥总觉得自己可能会成为一个杀人凶手，而弟弟老是幻想自己将被别人谋杀。在兄弟俩二十多岁的时候，他们的人格已经完全被扭曲了，觉得极其病态，只好被迫地接受定期的精神病治疗。但只有找到了他们精神错乱的根源之后，他们的疾病才有可能得到治愈。这个根源其实就在于：他们小时候失去父亲之后，没有被告诉事情的真相。

近来，我又遇见了一个更令人震惊、令人不可思议的病例。一个17岁女孩子患上了严重的溃疡性肠炎，被带到医院治疗，但在治疗的过程中，并没有发现任何生理上的病因。经过深入地探究后才发现：在这个女孩3岁的时候，她的母亲因难产而去世了。由于这个女孩平时非常崇拜她的母亲，喜欢模仿母亲，无论母亲做什么事情，她都会跟在后面模仿。当她的母亲死后，她立刻被送到了外地。当她回来之时，面对的是一个悲伤、冷清的家，再也没有人提及她母亲的名字了。她的外公外婆对待她父亲的时候像是在对待罪犯一样，在私底下说父亲是杀死母亲的凶手。

于是，这个小女孩就成为了父亲和外祖父母之间矛盾的无辜的牺牲品。她唯一知道的就是自己深爱着的母亲已经不在了，没有人告诉自己她到底去那儿了。但从听到的只言片语中以及亲人们痛苦的眼神和愤怒的表情中，小女孩认为母亲的胃出了问题，她母亲已经成为了一个罪恶的人，因此她的胃受到了惩罚。

不久之后，这个3岁的小女孩就像她想象中的母亲那样患上了严重的胃病。通过治疗，胃病看起来是治愈了，但她的头脑中却无论如何也拼凑不起母亲那清晰的形象了，也不能与她的父亲建立起融洽的关系。她想如同过去一样去爱父亲，但自从在外公、外婆那儿偷听到父亲是害死母亲的凶手的消息后，她就不知所措了。她的情感生活彻底陷入了混乱之中，刚刚进入青春期，就难以忍受这巨大的身体疾病和精神压力，女孩彻底垮掉了，不久就死了。

倘若当时她的父亲以女儿能够接受的方式告诉她，他们犯了怎样的错误，为什么外祖母会那么的伤心和愤怒，这场悲剧就可以避免了。如果这个小女孩对父亲是信任的，父亲也不是一味地压抑自己的情感，而是放开心结和女儿一起痛哭一场，将情感宣泄出来，父女俩就会建立起新的亲子关系了。这样，女儿在成长和发育的过程中就有了一个心灵倚靠，就不会发生以后的悲剧了。

其实，即使是年龄很小的儿童，也是能够经受住灾难和悲痛打击的，但最令他们不可容忍的是那些谎言和托辞。如果成年人能够充分地认识到这一点，告诉这个小女孩真相，她是能够调整与父亲和外祖父母之间的关系的，也是能够面对母亲去世这一悲惨现实的，那么悲剧就不会再发生了，但现在讲这些已经为时太晚了。

我明白，这些病例听起来有些不合情理。最起码，一个3岁或5岁的孩子竟然能够被他（她）早已遗忘的一段痛苦经历折磨十年甚至二十年之久，这就很难让人相信。但是，在儿童期间所发生的一些事情，恰恰会在他以后的一生中起到决定性的影响，这正是弗洛伊德的伟大之处。事实证明，人生早期发生的一些事情不知道扼杀了多少正在成长发育中的心灵。

不久以前，当我们在乡村生活的时候，曾亲眼目睹了一件真实的事情。一个7岁女孩的父亲在失去他自己的父亲后，陷入了深深的悲痛之中。他的妻子便将他们7岁的女儿送到了一个很远的地方，没有向她透露任何事情的真相。这个女孩也从来没有离开过她父母半步，所以她预感到这次肯定发生了什么事情。同时，她也预感到，父亲不可能再像过去那样了。

当我问起为什么将这个孩子送走时，她的父母告诉了我他们的所作所为，并反问我为什么不赞同们的做法："你是应该理解的，我们的所作所为是为她着想。她太小了，是不能够承受这样的巨大悲痛的。"我告诉他们，以我的观点来看，这对孩子其实是非常残酷的。应该马上将孩子接回来，大概地告诉她，爷爷已经去世了，父亲需要得到她的安慰，只有她才能够帮助父亲摆脱对死者的依赖，从而减轻痛苦。她应该充当一个'母亲'的角色，去安慰她的父亲"。

这对夫妇听从了我的建议，并将女儿接了回去。女儿让父亲坐在地板上和她一起玩耍，这样，处于相同的氛围中，父女之间的关系就变得更为融洽了。她的父母发现，在女儿被送走的这段时间内，女儿产生了很大的抵触情结，脑中产生了一些可怕的念头，总以为自己被抛弃了，感到十分的孤独无依。

我并不是想说，家长们应当将亲人逝世的全部细节都叙述给孩子。在告诉孩子这些事情的时候，不要将死亡的神秘性也牵涉进去，对他们隐瞒一些东西还是相当有必要的。在告诉儿童关于死亡的事实时，不要超出他们的理解范围，不要向他们揭示死亡那怪诞和恐惧的一面。在不必要的情况下，万不可在他们幼小的心灵上笼罩一片恐惧的阴云。

但话又说回来了，在成年人的头脑中往往存在有一个很大的成见，即认为儿童承受不了悲痛和哀伤，因此，应该将他们保护起来，不要让他们接触任何与悲伤气氛有联系的事实。这些都是错误的，儿童往往能够承受得起悲伤和眼泪，但他们唯一不能忍受的便是谎言和托辞。

我们应该以真诚的态度去对待他们，应该允许他们像分享家庭的幸福一样去分享家庭的痛苦。儿童远没有我们平时想象的那么脆弱，他们不会因为眼睛里流出几滴眼泪就一蹶不振，也不会因为被告知实情而身心崩溃。相反，将儿童从家庭圈子中隔离出去才是他们最不愿意去忍受的，因为在这个时候他们面对的是成年人的逃避，半真半假的托辞，冷漠的情感以及虚伪的面孔。

具备直面现实生活的勇气

至此，我已经详尽地说明了关于悲痛的方方面面。悲痛是人之常情，无论是成年人还是儿童，都会遭遇到现实带来的问题。尤其在我们处于的这个普遍焦虑的时代，这个问题显得更为迫切和重要。整个人世间存在的事实恰好印证了这么一种宗教直觉，即悲痛是人类都必须经历的，这是宇宙间的普遍真理，逃避只是自欺欺人，也必将自食其果。

世界是如此的美妙，使我们不得不相信真理的存在。在这儿我们科学地认识到了处于悲痛处境时的各种注意事项。这充分地说明了，已经是成年人的我们，如果对自己的真情实感熟视无睹，将悲痛压抑下去，使其潜藏在自己的意识深处，日后总会对我们进行反击与报复。

整个悲痛的过程也说明，我们在对别人真诚的同时也要学会对自己真诚，这样才能获得在精神上的幸福和在心灵的宁静。

生活告诉我们："你要尊重你自己的真情实感，不要顾虑外界的盘根错节；同时也要在所有的社交生活中保持一颗真诚的心态，无论是对待老年人还是对待年轻人，都要一视同仁；要坚信自己是能够经得起生活中各种突如其来的灾难和打击的；要懂得，掌握着真理的上帝一定有办法治愈我们的创伤。尽管世界上不幸有了伤痛，但我们也能够精选良药，将我们的伤口奇迹般地抚平。我们要要相信生活，不要在它面前虚情假意，躲躲藏藏，这样就一定能够走出悲伤的困扰，将各种悲痛打翻在地。"

有些人在残酷的战争中失去了至亲，对他们而言，后半生也许只有半条面包了。但直面现实，勇敢地吃下这半条面包，那也会比吃一整条上面长满了自怜和悲痛的绿毛、发霉变质的面包好得多。陷入自怜和悲痛之中不能自拔才是对逝去亲人的不尊敬，不要忘记，正是他们为了我们的幸福和前途而牺牲了自己。

也许，这算是一种补偿，一个失去某种官能的人，他的另一官能就会异常地敏锐起来。同样，我们也可以从困境中走出来，勇敢地去开发我们的新兴趣，去建立新的人际关系，这也是对失去亲人这一损失的一种补偿。

只要我们一息尚存，就能够在自己与他人之间架起一道桥梁。这种结成新的人际关系的能力，我们不仅现在拥有，即使到了中年和老年也照样拥有。只要你还在呼吸，就不要荒废这种能力，它能够使你更加富有，更加风趣，更富于创造力和人格魅力。

倘使没有悲痛的存在，人类也许就不会做到以深刻的思想和严谨的态度去生活。要敢于直面悲痛并超越它。如果真正做到了这些，许多心理上的疑难病症也就得到了治愈，困扰儿童和成年人的精神紊乱现象也会随之消逝。

通过“悲痛递减法”的学习，人类一定能够越过冰冷的悲痛之巅，顺利抵达宁静的心灵港湾。

第七章 生命短暂的有益启示

死神是我们的老师，它既能使我们认识到自己梦想的高贵，又能让我们意识到生命的脆弱。我们的年龄越小，越不成熟，就越难接受人世间的生活终究会结束这一事实。

正如美国科学家西斯所言："一个人一旦从死亡的恐惧中摆脱出来，他在生活中就自由了。关于死亡，如果我们平时连想都不敢想，也就谈不上如何去摆脱它的困境了。相反，我们只有习惯于谈论它，轻松地面对它，勇敢地走向它，才能知道死亡是人类的必然，才能知道我们为什么对它如此的陌生。为死亡做准备其实也是在为自由做准备，只有能从容地面对死亡的人，才能够从生活的奴役中解放出来……"

死神是我们的老师，它既能使我们认识到自己梦想的高贵，又能让我们意识到生命的脆弱。我们的年龄越小，越不成熟，就越难接受人世间的生活终究会结束这一事实。

人们在平常的时候是没有勇气面对人生短暂这个现实问题的。我们艰难地跋涉着，却没想到人生的终点竟然隐藏在黑暗之中，不经意间就会来到我们的面前。在人生的征途上，死神无时无刻地向我们发出召唤。一想到这个问题，就会令人不寒而栗。

就死亡而言，我们应该牢记住科学是怎样描述死亡过程的。人们其实没必要杞人忧天，用根本不会降临的灾难来吓唬自己，正如著名的内科医生威廉姆·奥斯勒所说："据我多年的临床资料经验，大部分的人不但可以像英雄那样死去，而且在死亡的时候，也不会有太多的恐惧感。充斥着人们头脑的不过是一些毫无根据的幻想。"

对于这个问题，法国哲学家蒙田说得更为精彩、更为巧妙："是自然本身赐给了我们力量。"他说，"我们在身体健康的时候，其实比真的患有疾病时更恐惧疾病。"

死亡也是如此，就像你亲眼目睹自己度过了一天，每一天都是这样的，白天还是那个白天、夜晚还是那个夜晚。死亡是没什么可怕的，它其实是你的朋友。而且，只有当你的时间没有了的时候，死神才会来临；等你意识到这一点的时候，时间就不再属于你了。天下没有不散的筵席，当其他人为你做了一些事情以后，我们就要为其腾出一块地盘。就像是一个吃饱了饭的客人，应该离开这个地方去休息一样。

死亡也是生活的朋友

生活的价值并不在于生命的长短，而在于生命的质量。一些人的寿命可能很长，但其生活的历程却是短暂的。我们要无所畏惧地离开这个世界，就像来到这个世界的时候一样，不带有任何悲观情绪。从生到死，从死到生其实是同一条道路。你死了，其实是将生命的火炬传承给了别人。你的死遵循的是世界的一条法则，其中也孕育了新的生命。

我总是觉得，死亡并不是生活的敌人，而是生活的朋友。因为死亡意味着我们的生命是有限的，有限的人生才显示出了时光的宝贵。光阴是借给我们的，让我们暂时保管一下，因此我们必须尽最大的努力去承担这份重任。我们就像是一群孩子，被允许在一个大公园里面度过一天的时光。这个公园里面有花园，有操场，有天蓝色的湖水，还有白色的小船在水面上水波荡漾。

当然，我们每个人在这一天中玩耍的时间有长有短，见到的阳光和景色肯定也有所不同：对一些人而言，他们度过的可能是天气晴朗、白昼很长的一天；而对于另一些人而言，他们度过的也许是阴云密布的、夜幕将要降临的一天。

但不管我们度过的是怎样的一天，在其中的一些时候我们总会遇到狂风暴雨般的天气，当然更多的时候是灿烂的阳光。就像我们度过的这一天对每一个人来说都是不同的，如果我们懂得去欣赏、去体会，其实这一天中有着看不完的美景，享受不尽的欢乐和幸福。

在这一天结束的时候，万能的公园管理员——死神就会降临在我们每一个人的面前，告诉我们："天色已晚，该回家了。尘世间的孩子们，你们睡觉的时间到了。来吧，你们累了，躺在自然的怀抱中好好休憩吧。"

对死亡的意识将使所有的生活更加富有意义。在我们的叛逆心理很强的那段岁月中，我们总是想着，如果人类是宇宙的设计者，我们就会长生不老，永远年轻。这样，死神就永远不会来临了，我们就不会到达人生的终点了。

然而，当我们分析一下这种想法，就会发现，这只不过是一个孩童十分幼稚的愿望罢了。事实上，难道我们真的愿意将自己束缚在生命的车轮上不停地旋转下去吗？既没有休息和长眠的机会，又不知道什么时候可以停止。难道我们真的愿意永远清醒、不停地工作？难道我们真想活一千年、一万年，去饱尝战乱、冲突、创伤、争斗等苦果的滋味吗？

柏拉图宣称，人在地球上的寿命是短暂有限的。确实如此，如果人真的能够永远地活下去，并且没有人生的磕磕绊绊，没有事业上的潮起潮落，没有挑战和成就感，这种生活即使可能，也非人们向往的生存状态，那将是多么空洞无聊，单调乏味的人生。

永远地活下去吧！

行尸走肉般地永远活下去吧！

我并不需要这样的永恒！

上帝，将我从这所谓的永恒中拯救出来吧！

太阳是不会永远照耀在我们身上的，黄昏会带着它那凉爽的宁静如期而至。从更深层次的意义上说，这对我们简直就是莫大的恩赐。我们在攀登中的愉悦和追求中的热情之所以如此宝贵，就是因为它们是那么的偶然和脆弱。

随着年龄的增长和性格的成熟，我们就会发现大自然安排万事万物都有其智慧和精妙之处：在生命的每一个阶段，它是那么的和谐，是那么恰当地分配精力；在生命快要结束的时候，它就会逐渐地减少能量的供给。这样，我们预感到黄昏不知不觉地来到了，没有任何不可忍受的地方。

显然，大自然没有能力让我们身体内的骨骼永远那么硬朗，能有力地支撑起整个身体。在这个宇宙中，任何事物都是要做出牺牲的。如果不是生命有限，最终会在这个世界上消失，我们也不会深切地体会到爱的美丽和神奇。

欣然接受命运的归宿

有些人凭借自觉就可以感觉到自己生命的脆弱，于是，他就失望了，觉得人生毫无意义；于是，他变得像石头一样冷酷无情，毫无生气。而佛教则教诲人们，要听从命运的安排，不要与命运作抗争，断绝七情六欲，这样生活中的各种痛苦就可以避免了。

“在这个世界中，没有什么值得留恋。”这种训诫与其说是帮助人们摆脱痛苦，还不如说是在增加人们的痛苦。因为生命的愉悦是有赖于人的深刻感触和广泛经验的。

作为高度敏锐的动物，如果我们能够欣然地接受生活中的种种酸甜苦辣，清醒地认识到生命的短暂，认识到我们拥有的一切只不过是过眼烟云，转瞬即逝，那么，我们就真正地领悟了生活之道。

人们有着不同的性格，自然中也存在着复杂的化学、物理结构，这是上帝对人类最大的恩赐。正是它们，使我们在地球上的这段时光有了意义。而顽石历经千年，任凭风吹雨打也不会有丝毫的改变，时光对它没有任何意义。

当我们试图为自己创建一种哲学来诠释和理解死亡的必然性时，就会不自觉地构造出某种超越短暂生命的东西。我们不敢忽视人们由此产生的发自内心的愤怒，甚至像威廉·詹姆斯这么伟大的现实主义哲学家，一开始对永恒问题并没有任何兴趣，但是到了晚年，他也相信，可能真的存在某种永恒的东西。当你问他为何会有这样的转变之时，他说："因为我逐渐地学会了生活。"

几乎所有的人都有可能这么认为，我们的天赋是后天逐渐培养起来的，上帝不会狠心地将我们拒之门外，我们一定有施展才能的广阔空间，从而能够在永恒的世界中塑造出伟大的形象，高唱壮丽的凯歌。

然而，在这个世界上，从来没有一个人的生命能够再来一次。对永恒的向往就成了人们渴望永生的一种本能反应。但哲学家坚持认为，自从宇宙被创立至今，如果不是异想天开，生活中是不存在不合理、不合逻辑或者不可能的事情的。正如凭借我们裸露的双眼根本看不见红外线和紫外线的，但是它们确实存在，在这个充满活力，并不断变化的宇宙中也存在着我们这些血肉之躯所无法到达的彼岸。

历史上很多伟大的思想家，包括柏拉图、康德和托尔斯泰在内，都认为世界的合理性是永恒的。如果人类是一根风中之烛，大自然就不会将心灵安置在人的躯体上了。

人的灵魂绝不是一个演员的角色，在时间的舞台上演几出戏就退场了。高明的剧作家绝不会这么干瘪地写作他的喜剧：以极其壮观的场面拉开帷幕，作为英雄出场的前奏；英雄出场了，但只是随手表演了几下，随之，英雄和整个戏剧就被永恒的沉寂湮没了。这样的戏剧是何等的荒谬!

一些思想家认为，地球上的生活只是人类生活的一个开端，人在其他世界中还有很多工作要去做。理性支配着人，道德戒律要求人们去追求正义、爱与和平，因此，人需要一部没有谢幕式的戏剧，需要一个无限的舞台来解除人生遇到的困惑与不公，从而使人生的矛盾得以和解，价值得以实现。

无论你是否同意上述在超越死亡方面做出的尝试和努力，但应该记住的是：在这个宇宙之中，除了个人的生命之外，的确还存在着其他永恒的东西。当一个人想到自己永恒的一面时，他就可能会展示出无私，非凡的天才品质。当他将自己这个小小的个体与整个人类相交融时，心中就会激起对人类无限的爱的勇气。在这些情境下，人是可以不断地提升自己的。于是，他的存在就成了生命之链上一个不可或缺的环节。

我们越是关注整个人类的永恒，就越会感到作为人类一分子，自己的生命是多么的充实。当我们将自己同所有的英雄、智者和殉道者联系在一起时，与各个年代，各个民族的诗人和思想家联系起来时，我们就成为一幕场面宏大、情节动人的戏剧里的一员了。

沿着历史的足迹，我们会发现很多志同道合的朋友。我们能够跨越时空的隧道，在想象中把自己与世界各种文明的创立者联系起来，我们就拥有了整个人类的永恒，这样我们就会创造奇迹。

当与历史上最智慧的思想、最高贵的理念和最动人的乐章交融在一起时，我们就拥有了整个人类的永恒。实际上，那些仅仅生活在自己年代的人才是最贫穷的人，他们的生活是干瘪的，灰暗的，任凭时光的摆布。在他们死后，并没有什么东西留存下来。相反，那些通过文明和爱的链条，与过去的财富与未来的希望联系在一起的人，才是最为富有的。

人类的进步正是依靠此种精神，也正是在这种精神的指导下，我们发现了自己永恒的价值。在战火纷飞的年代，死亡和悲痛对我们来说已经是司空见惯。因此，要人们克制悲痛，适应人生苦短的现实就显得非常必要。

在很多国家，死亡在人们眼中可怕至极，人生显得沉重不堪，以至于人们以为保持心理的平衡和心智的健全几乎成了天方夜谭。

现在，很多英国人为了避免道德上的谴责，为了获得直视死亡的勇气，选择了远离杀戮的场合，他们把这种行为看作是一种道德上的义务。因为他们已经下定决心充当人类未来的守望者，有责任保持清醒的头脑。

生命的终极目标

实际上，人类社会中最大的悲剧并不是有很多人死去，而是很多人还未发出光和热就被迫死去了。我们这个时代最不可饶恕的罪过，莫过于成千上万的人还没有获得自我实现的时间或机会就死去了。在一定程度上，他们甚至还没有获得追求属于自己生活的各种条件。

有多少诗人、学者、智者和科学家，早在他们的成就被世人所认可之前就被各种破坏性的因素埋没了，他们的手稿、创作的音乐、发现的公式定理过早地被用来服务于那些并没有虔诚之心的人们。由此可以看出，命运是多么的残忍，以至于死神过早地降临到了才华横溢的人们的头上。

当代希伯来伟大诗人彼尔里克的诗歌就表达了在人类社会中，由于时代动乱而引起的悲剧。他描写道：生活就像是一根永远都未被拨动的琴弦，等待着它的主人去拨弄。但在这个世界中，有成千上万的琴弦可能永远尘封，很多年轻人还没来得及创作和演奏出优美的乐章，就发现命运已所剩无几。我们谁也不知道死神什么时候来惩罚我们，我们始终处于达摩克利斯之剑的威胁之下。

今天，压力和疾病正扑头盖脸地向我们袭来，在整个宇宙中，并没有那个神明能够将这些威胁和危险当作异己者驱逐出我们的生活。

在这个危机四伏的世界上，宗教和心理学已经结合在了一起，并为我们这些被死亡所威胁的人类铺就了一条光明之路。我们需要它们的帮助，因为我们懂得，当我们失去亲人的时候，必须遵循心理规律才能够承受并战胜悲痛。我们也知道，如何去坦然地面对死亡，没有必要去惧怕死亡，或者自己必然会死去这个现实。我们要满怀信心的活着，因为上帝能够安排好我们明天的生活。

只要我们活着，就会使每一天、每一年都活得美丽，活得高贵，都能感到人与人之间兄弟般感情的温暖。现在，社会上存在着太多的罪恶，在这样一个时代中，我们必须呼吸爱的氧气才能够使灵魂得以升华。

人类应该尽量提高生活的质量，从而弥补生命短暂的遗憾。人与人之间应该互相珍视，因为我们根本不知道大家能够在一起生活多久。

我们应该坚强、勇敢，使生活更加地多姿多彩，英勇地对抗死亡的肆意进攻。我们应该绷紧生命之弦，直面生命的短暂。在我们这个时代里，最不可饶恕的罪过莫过于冷酷无情、自私自利和集体犯罪，因为这些无形的恶正在慢慢地消减着别人的生命。虽然我们不能延续自己的生命，但人与人之间的沟通与理解却能够改善我们的生活，提高生活的质量。

犹太人脸上往往会流露出发自心底的真诚，他们宣称道："只此一生便足矣。"在人类历史上，我们能够毫无畏惧地依赖比人类本身更伟大的力量，我们应该服从超越时空的宇宙规则，不再去探究那些生前死后的秘密。我们应该在此时此地幸福、高贵、美满地生活，还要营造一个良好的社会氛围，使其他人都能够拥有这样的生活。

在这个世界上，至今仍存在着很多父亲、母亲和年轻的妻子，他们仍然记得那些哀悼死亡的歌曲，记得那些捍卫自由、维护人性之士所谱写的人性之歌。

年轻生命的乐章刚刚开始就结束了，我们不可能没有悲痛，但可以肯定的是，那些年轻的宇航员、水手和战士虽然失去了自己的生命，但他们绝不愿意看到我们这些活着的人陷入无端的悲痛深渊。他们可能会提醒我们：在那段勇气十足、无所谓牺牲的短暂时光中，他们获得的满足感完全比及空虚无聊的生活更有意义。同时，他们也在鼓励我们振奋精神，去完成他们为之献身的事业。

我们要分析“终极”这个词所具有的不同含义：一种含义是终点。另一种含义是目标，这种区别普遍存在于人类的语言中。死亡为那些没有“目标”、没有“目的”的生命划上了终点和句号。

发生在一个人身上的悲剧莫过于在人生奋斗的过程中没有任何目标，没有为任何有价值的事业贡献自己的力量。而那些为真理奋斗，勇敢献身的人，却有着一颗伟大的事业心，一个伟大的目标。尽管他们过早地走到了人生的终点，让人感到悲愤和不公，但仍然是值得肯定的。

我们必须在悲痛中前行，去完成他们那没有实现的“目标”，去建立一个理想的世界。

在这个世界中，人们不会留下未完成的事业而过早地离世；在这个世界上，人们在面临悲痛时懂得积极地调整自己，而不是去承受那病态的悲伤和痛苦；在这个世界上，人人都能够获得自我实现的机会；在这个世界上，死神将不再是一个无情的侵略者，而是我们的一个良友，它不会在我们日薄西山之前就突然地夺走我们的生命，而是在我们度过了漫长的白天之后，带领我们安然地踏上回家的路。

这时，空气中依然飘荡着生命的欢歌。

第八章 人类应该信仰什么

上帝对人们说："人啊人，我创造了地球，给你们钻石、黄金和会发热的煤，我给你们水源，给你们肥沃的土地，但你们用它们来做了些什么呢？人啊，你们自己已经找到了开启能量宝库的钥匙，但竟然还无法选择自己的命运：你们究竟是选择毁灭，还是生存？"

正如上帝创造了水，而水的力量既可以给世界带来好处，也可能给世界带来灾难。所以人成了负载着上帝力量的航船，拥有无穷的力量，既可以为善，也可以为恶。人们有能力解除纷争，战胜困难，但这同一种力量也会带来肆意杀戮的恐怖。

人类最大的财富，在于必然要经历道德选择这一过程。正是这样，人类才具有了尊贵的能力：选择正确而不是错误的能力。相反，一个没有个性、没有选择、没有自我决断、没有责任感的社会，必然是一个邪恶的社会。正是因为人们有着自主选择的自由，也就有了可能两种不同的结局：被毁灭或者被拯救。

上帝对人们说："人啊人，我创造了地球，给你们钻石、黄金和会发热的煤，我给你们水源，给你们肥沃的土地，但你们用它们来做了些什么呢？人啊，你们自己已经找到了开启能量宝库的钥匙，但竟然还无法选择自己的命运：你们究竟是选择毁灭，还是生存？”

“上帝，是你给了我安宁”，但丁身处天堂，跪在上帝面前大声地叫道。其实，这种说法并非从但丁开始的，也不会到他结束。人们总是这样认为，安宁来源于上帝，我们找到了安宁，也就找到了上帝，这种朴素的想法是上古初民智慧的结晶。在历史上的各个时期，诗人、哲学家和神秘主义者都会来到普通的信仰者中间，歌唱那句永恒的赞歌：“啊，上帝，只有你，才能给我们提供安息之所。”

灵魂在无形的圣爱中找到了栖息地，这确实是一件很幸运的事情。我们是上帝的子民，这种信仰比钻石还要宝贵。上帝用他那有力的臂膀支撑着我们，环绕在我们身边，就像是广阔的海洋拥抱并环绕着每一朵浪花中的细小水滴一样。这样，我们这些在宇宙中觉得无家可归的人就能够心平气和地走上生活之道了。

但是精神病理学家却观察到，当代人中间存在着一种普遍的想象，即一部分人根本就不承认上帝的存在，或者说，即使他们相信上帝的存在，但头脑中对上帝的观念却是非常淡薄的，这些幼稚的想法根本就不可能帮助他们应付生活中的各种压力和危机。这种虚弱的信念正是现代人感到绝望和内心的根源。

一个病人曾这样向我倾诉：“如果我对一位朋友失去了信心，如果我的生意赔本了，如果我的妻子对我不忠了，我满可以在另一个或者更好的人那里找到新的寄托。但如果我对上帝的存在失去了信心，就像我现在这样，我将去哪儿寻找我的心灵归宿呢？”

信仰上帝的根基

在很多人的心里面，都可能存在着一种不可知论的怀疑倾向。他们试图通过这种怀疑倾向变相地减轻自虐的痛苦，但事与愿违，他们这样做无异于中世纪的忏悔者，跪在地上无情地鞭笞着自己。

现在，有很多具有高超天赋和严谨思维的人总是不断地研究最新的哲学和科学著作，希望从中找到这个永恒问题的答案："我怎样才能相信上帝？"这个问题已经进入了一个极为艰深的研究领域。他们就像是但丁在《地狱》中描述的那个精灵一样，永远地摇摆于困境和情感之间。

有时候，我们很难理解，为什么这些人总是挖空心思去否认上帝？他们为什么就不能够投入到上帝的怀抱之中？其实，他们的灵魂是分裂的，这个世界上到处游荡着这样的灵魂。

现在我们已经知道，我们的这种情况是有着极深的心理根源的。那就是在人们早期的成长阶段，心灵曾蒙受过沉重的阴影，这是一层由于信仰和行为不一致而产生的阴影。

在一些家庭中，行为和信仰则是不一致的，父母在行为和言论方面都是温和的、充满爱心的，但他们心中的上帝却是严厉的、带着仇恨的。在这种家庭氛围下成长起来的孩子会患上精神分裂症，这是他们在爱与恨之间徘徊说造成的负面效果。因为他们在孩童时代一直生活在一种矛盾的气氛当中，这种矛盾就是其父母的信仰和生活方式之间的不协调所产生的——父母信仰的是一套，做的却是另一套；他们带着爱心去做事，却又带着充满着恐惧去信仰上帝或认为上帝是邪恶的；他们粗暴地对待上帝，却又在伦理上认为上帝是爱他的。这种冲突的成长氛围就成了滋生他们日后的痛苦、矛盾和无信仰的温床。

有神论者也是形形色色、各式各样的。心灵健康的有神论者和心灵扭曲的有神论者之间是有很大差别的：他们之间的差别是成熟的信仰和病态的信仰之间的差别。其实，在所有祈祷者和宗教仪式的背后，确实存在着可能隐藏着的虚假真诚，就像是存在着虚假的爱与悲痛一样。

宗教的确应该感谢心理学，正是心理学将这种幼稚的上帝观念揭露了出来，这种观念不过是一些情感扭曲的幻想罢了。也正是心理学将这些幼稚的上帝观念清除掉了，从而为形成成熟的上帝观念扫清了道路。

神学家这么说："我是直接面对上帝的，我和上帝的交流是不能用语言来表达的，也是不能去分析的。我知道上帝就像是我知道太阳在发光，自己在呼吸一样，是不言而喻的事情，所以我拒绝任何心理学上的分析。"

传统的教徒可能会这样说："我是通过自己的理性和天赋认识到上帝的，上帝总是用一种腔调对人类说话，正如他在西奈山上对摩西训诫时的腔调一样。

他创造了我们，他向我们发出了召唤；他是永恒的主，高高地耸立在了不安定的"小我"之上。上帝不仅仅是人类心灵中的一个观念，而且是一种永恒的现实。当然不仅仅是我们心理经验或情感需求的一种反应。这些琐碎的分析会破坏上帝那完美的形象。

在这个世界上有许多人，他们的宗教信仰尽管非常坚定，但仍然是非常不成熟的，并受到了很多因素的制约。在工作中，我经常会遇到一些所谓的信仰者，他们头脑中关于神的观念其实是残缺不全的。

前些日子，一个极度悲痛的妇女前来向我求助，在残酷的战争中，她的儿子离她远去了。“这到底是为什么？”她掉下了眼泪：“为什么这种灾难偏偏落在了我的头上？我是善良的，从来没有干过什么错事啊！在礼拜天和宗教节日中，我都是虔诚着遵守各种仪式的。现在，上帝为什么要这么对我啊？难道我多年虔诚的祈祷，就换来如此的下场吗？”

我对这个妇女的遭遇非常同情，也理解她的悲痛与伤心。她的这种反应是任何一个陷入悲痛之中的人都会有的。但同时我也发现，她的想法很不成熟，她对上帝存在着一些不正确的看法。她的倾诉实际上表达了这样一个意思：“如果上帝不对我特殊照顾，将可怕的死神从我的生活中剔除的话，我就不会再去信仰他、崇拜他了。”对她而言，只有上帝赐予她好处时，她才去信仰他。反之，如果上帝对她那近乎天真的祷告没有什么反应的话，她就不愿意去信仰上帝了。

对很多人而言，他们去信仰上帝是需要附加条件的，这是一个“如果……那么……”的信仰模式（如果上帝对我好，我才去信仰上帝）。对他们而言，是否信仰上帝有赖于能否长期不断地得到实惠和帮助。

每一个宗教首领在其教会里都有不计其数的崇拜者，他们将这个领袖尊为至高无上的神。对他们来说，宗教首领就应该像一位厨师长，负责煎那条最大的鱼，其他的教徒只是对他们发出的命令做出应承的侍者而已。而在很多人心中，上帝只不过是一个英雄的化身，他们可能也会嘲笑上帝主宰天下一切的观念，也会蔑视这种幼稚的做法，但如果他们真诚地反思一下自己，就会发现他们的上帝观也和这些想法没有什么区分。

有人可能会反对我说，你对宗教信仰的心理分析是对上帝的亵渎。对于这种看法，我的回答是：对于长期居住在天堂里面非常孤独的上帝而言，能够揭示出人们心中虚假的情感，难道不是一件值得鼓励的事情吗？

在心理分析学的帮助下，消除这样一种荒唐的上帝观不是非常具有意义吗？不要忘了，在人类历史上，人们信仰的大多是居住在天堂的、经过自己思维加工过的上帝，对于长期存在的真正的上帝而言，我们是从来没有认真地描绘过的，现在到了揭示这种虚假观念的时候了。

个人信仰的演变过程

面对如此令人失望的表现，面对人类心灵上如此众多的心理疾患，还能指望当代人生活在一种健康、成熟的宗教观中吗？答案是非常肯定的："是。"所有自然的声音都证实着上帝的存在，而现在所需要的就是：人类必须学会倾听自己灵魂深处的神圣之音。

任何一个人在灵魂深处，或许都会对另一颗真正寻求宁静的心灵产生兴趣。因为借此可以从不同的角度反映出一个时代的狂躁和平静。所以我愿说出我的经历——这绝非一个特例——如果对心绪不宁的同时代人哪怕有些许帮助的话，也是对我最大的安慰。

总体来讲，我对上帝的思考经历过好几个阶段。孩童时代，我对神的印象是人们通常都有的——一个年长的、长胡子的、德高望重的形象，大概就像是我祖父的相片那样，不过这张照片蕴含着某种天堂式的虚幻感。

之后，作为一名神学专业的学生，我度过了精神上极其痛苦的几年，外部世界的一切事物都挡不住我的一个追问："上帝到底在那儿，他的本性究竟怎么样？"后来我才意识到，年轻时代的痛苦只是对生命缺乏信任感和对个人信仰不确定的不安。但我知道，寻觅上帝的这段青春岁月，对我精神成长的价值是无法估量的。

一位从未品尝过拒绝、迷茫、恐惧的宗教导师，是不会对人们的心灵世界有所帮助的。

这么多年以来，曾有那么一刻，我认为人是有足够能力去解决一生中遇到的所有问题的，人性自身就是全部的答案。从传统上讲，对人和人性价值的强调一直就是犹太人思想理念的一个根基，但不久之后，我开始认识到，人性不足以解释人类的全部。无论是心智还是创造力，除非将它看做是发源于宇宙的神力，否则根本得不到真实的理解。

我开始觉得，整个人类历史，连同其所有的悲与喜、成与败，都是从一本既无开头也没有结尾的大部头书中截取出来的一页——它永远也无法被真正破解。如果割裂了与此页有关联的内容，就更让人觉得是在翻看一本天书。

人类的探究也仅仅是宇宙的历史中壮丽篇章的一段，只是不间断的生命之歌中的一曲。人类的智慧和那时常萦绕在人类心头的良知，也只不过是一种更强大的智性和更宽广的创造力的局部反映。没有这一信念，就找不到开启心灵密码的钥匙，在地球上繁衍生息的人类史诗就会成为隐匿着的文字符号——一些毫无疑义的字母拼凑。

在很多年中，有一个问题就像是一团无法消逝的迷雾，就像一块摇摇欲坠的大石头，压在我的信念之上，几乎让我的心都碎了。这个可怕的问题就是："正义的、仁慈的上帝为何允许罪恶和苦难横行？"

只要困守在传统上帝观的正统教义中，我就没办法就化解其中的剧烈冲突。我搜遍了宗教史上的典籍，但那些著名的论证，无论是用本体论、宇宙论还是目的论对上帝进行解读，我都很少能得到慰藉。我读了亚里士多德和奥古斯丁，读了斐洛和萨阿迪，读了笛卡尔、贝克莱、康德和黑格尔，虽然我对他们用字词构建起来的辉煌大厦深感敬意，但我那饥饿的灵魂，竟找不到一点有用的精神食量。

到了近些年，我才开始发现那条通往上帝的大道，才开始令我那充满矛盾的心灵得到歇息。在希伯来人的智慧箴言录中，给予了我一点暗示。我开始明白，犹太人的先知们也曾被同一问题所困扰。

那些影响力持久的古代圣贤们对以色列人说："上帝建立了宇宙中的自然规律，希望能起到作用。他又给了你们良心和理智，希望你们能够使用。如果你们滥用它们，他不会因为要维护这个世界的秩序而搭救你们，所有的苦汁都是你们自己酿成的。"

在这种体会中，我得到了一种深刻的智慧、一种成熟的智慧——它并非让上帝成为干涉人类生活的天父，那种上帝即一切的理念只不过是甜言蜜语或者恶意欺骗罢了。我理解为什么雅阁告诉本族人（他们确信自己被上帝所爱），不要自作多情地相信，上帝对他们以及他们的圣城有所偏爱。道德律令在神性世界中并没有偏袒——渐渐地，我开始理解，我的先辈们为何不是在奢华和安逸中，而是在世界秩序的动荡不安、行将坍塌之际，在他们历尽颠沛流离之苦之后，才发现了上帝的伟大，窥见了宇宙的真相。

那些没有经过深思熟虑的人们会说，正是这个理念使得整个民族受苦受难，犹太人理应丧失这种信仰。但是，不是在那些胜利者的目光之中，而是在这悲剧的墓志铭上，圣徒们发现了上帝的手记。在几乎被忽略了的事实面前，难道没有什么能够让人震惊、发人深省的东西吗？这听起来似乎有悖常理，但邪恶与苦难正是上帝的诞生之所。

对先知的思考让我对上帝的观念愈加清晰了，乍得一看，这即使不是异教观念，也是让人感到害怕的观念，因为我们竟然说上帝不是万能的——它也是受限制的。我们会充满疑虑地问道：“上帝怎么可能是有局限的呢？如果他不是全能的——如果他不能做出他愿意做出的一切——那么他肯定不是上帝。”

我对这一理论持否定态度。如果我不能确信这一点，即恰恰根据他所创造的世界的性质而认为上帝是有限的，那么我必将放弃我所具有的全部信念。

其实，通常人们所认为的上帝是全能的，这种观念是错误和幼稚的，对上帝的这一评价也并不公正。每个成年男女对孩童时期都会有一点模糊的记忆，那时候好像父母就是无所不能的。在我们很小的时候，总以为父母能够得到任何东西，他们好像是魔术师，一挥舞那神奇的手杖，就能够变出一切孩子们想要的东西。岁月留给了我们这样的印象，即父母不受任何律令的限制，也不受任何应该避免之事的约束。

只有当我们长大了，才会发现，父母既不是魔术师也不是什么世界的主宰。我们必须长大成熟，才能理解上帝也同样不是什么魔术师，也不能眨下眼睛就能够改变世界上的一切。但当我们与父母间的关系趋向于成熟时，就能够对父母受到的限制和必然性产生足够的认识。而在宗教领域里的成熟，同样意味着我们要放弃对上帝的浅薄之见，认识到上帝是在创造一个可预见性的，为普遍法则所统治的世界的同时，也自愿放弃了一些无上的统治权。

之所以这么说，是因为许许多多被称作为“邪恶”的东西也充斥着这个世界。以水的属性为例，但上帝创造出水之时，他能够浮载航船与转动磨盘，这被看做是好的，但就是水的本性之中，也包含着能将我们溺死这一点。

正是这个事实对那些无神论者提出的极其尖锐的问题给出了回答：“为何上帝不将人类造成不犯错误的物种？”如果上帝真的这么做了，人类或许现在还是上帝把玩的木偶，在其指尖的吊绳牵引之下来回跳动呢。这样，人类就被剥夺了最尊贵的能力：选择正确而不是错误的能力。

不，上帝不应该为人类所犯的罪孽给予完全的救赎。上帝赋予了所有人解救自身的能力，在这个过程中上帝显示了至上的智慧。在可以将我们造成僵硬的机器之时，上帝却将我们造成了智慧的人，能做出选择的人。这正是真正的个人主义，是追随着道德直觉作出道德决断的天赋能力。

这也正是世界的希望之所在。

具有自由选择权的人

我们相信独立的个性，我们相信自我成长的价值，我们相信个人责任给人类创造的文明成果。我们应该认识到，这也是上帝与人关系的真相。如果我们确实在寻求自身的个性与自由，我们就不该向上帝祈求给予我们不犯错的能力。因为这样，两者间的关系就从根本上被取消了。

那时候，上帝就不过是一个神圣的暴君，我们也不过是其独裁统治下的奴隶而已。一个没有个性、没有选择、没有自我判断、没有责任感的世界是一个邪恶而非美好的世界。这看似一个悖论，但上帝的存在就是一个证明，人在这个世界中是有大量自主选择的自由的，同时也存在着被毁灭或被拯救的两种结局。

但我们并非是让每个人都成为一个单独的个体，形单影只，茕茕孑立。我们想要其属于一个整体，去影响他人，同时也被我们社会的整个观念相影响，没有什么比那些绝对的孤立更让人们感到恐怖了。

上帝赐予我们这个欣欣向荣的星球，我们身在其中并不感到孤单，随着年龄的增长，我们影响的圈子也愈来愈大。正是在这星球的荣光与悲鸣中，我们彼此相连。从这种互相纠缠的命运之链中，我们理应获益匪浅。虽然不是每个个体都能够制造出电灯照明、安眠药或交响乐等，但在这个相互关联的世界中，我们却成为了这些东西的享用者和受益者。

人们之间互相依存，才构成了这个社会，为此我们也确实付出了代价。由于人的互相交往，邪恶也像黑色污染源一样在大地上蔓延，承受如此的苦难确实是人类的悲剧。但如果不是这样，人类的苦难将更加沉重；如果不是这样，我们就像是封印在魔法图章中的渺小灵魂，不仅与社会中的邪恶，也和社会上的善良严格地隔绝开来。社会是上帝对人类的馈赠，我们的相互交往也许正是上帝对我们的最高意愿。

我并不认为，我所说的这些是对邪恶的完整回答。但我以为这的确是一个更符合逻辑也更具有理性的答案。我知道，会有某些时刻，我们深切地盼望上帝能够从天而降，关注个人和社会的命运与进展。我们热切地希望上帝能将他的规则打破，将我们心中的悲痛和民族所承受的苦难统统地化解掉。这是很正常也是很自然的祈求——祈求上帝能够阻止人间的悲剧，或者避免某些带给人类威胁的事件发生。

但是，我们应该理智地规劝自己，我们应该意识到自己需要什么，我们好像孩子一般向父亲哭泣，要求他打碎一些人类社会的律令，要他粉碎如万有引力一般的道德法则，以使人类避免承受因自身的愚蠢和软弱带来的后果。

每当我用头脑思考而不是用心灵感受之时，我就明白，上帝不会无缘无故地涉入红尘琐事之中的，这会使所有人类自己的努力都化为乌有。我们不能祈望上帝将我们从自身的邪恶中拯救出来，无论那是源自无知还是贪婪，是一国引起的灾难，还是人类长久以来就在忍受的、如不加以制止必将波及更广、殃及无辜的独裁统治。我们不指望上帝用魔术将人类恶的后果消除殆尽，我们不能只是关心自身内在的心灵福祉，而希望上帝会免除我们生命中所必然经历的一切危险与失败。

如果上帝看到人类是如何错误地理解了他们的选择自由，是如何违反道德律令时，他必定会充满哀愁。

“人啊，人”，他痛苦地哀鸣，“我赐给你们星球，赐给你们钻石、黄金和那些会提供热能的煤炭，它们遍布大地，就像是叶脉上长满了树叶；我给你们水源，它们源源不断，推动你们的磨盘，让你们的生存繁衍；我赐给你们肥沃的土地，你们可以在上面耕种稻谷，微风吹过扶起了一阵阵波浪。但你们对它们做了什么呢？

“你们疯狂开采煤矿，留给后人的所剩无几。我的钻石，我的黄金以及我给你们的生命水源，你们都将它们封闭起来，藏在自私和贪婪的围墙之内。你们既拒绝用我的礼赠建立起公义的世界，你们也必将滥用黄金和我赐予的有价值的资源。

“你们已经将城市变成了废墟，无辜的孩子们在千百次的战争和杀戮中丧命。噢，人啊，你已经找到了开启我的能量宝库的钥匙。在这个统御世界的秘密心房中藏着决定所有人生死的力量。噢，这次你是要选择死亡的武器还是生命的器具？是必然的毁灭还是可能的生存？”

宇宙给人类的伟大启示

我们今天所欠缺的东西正是对天启的新理解。从历史典故中看，天启是发生在西奈山上的。上帝通过圣经或先知与圣徒在西奈山上表述了自己的意志。

而事实上，天启应该被看做是日常生活中和上帝的共存，人类的命运的器具往往就是上帝传送意志的工具。一个好友，一个充满爱心的母亲，或者一个具有英雄气概的领袖就负载着神性，就像沥青包含着抵制辐射的不羁能力一样。

将上帝看做具有仁爱和创造力，看做人类自赎和完善自己的源泉，这绝非一种主观的印象，因为整个宇宙都在切切实实地证明着这一神圣的概念。这是一个彼此相连的世界，蕴含着无穷的创造力，储存着永无止境的仁爱、真实和美好。世界上确实有恶行涌动，但正如哲学家怀特海所指出的，在人类历史的大潮中，这些恶都不会永远地存在下去，也不会取得对善的胜利。它们终将屈从于正面的、富于生命力的人类潜能。

正是在善良的人的日常琐事中，上帝得以向人们阐明自己的心声。先是从一个善良的父亲或善良的母亲的性格那里看到何为“良善”，再转到更为普遍的上帝的“良善”，这是合情合理的。对上帝的这一看法，正是根植于像家庭这样充满和睦和亲切感的社会形式之中，然而才逐渐延伸到无限的领域中去，逐渐地成熟，从而成为不朽的。

我们不能说上帝是我们臆想中的一种印象，其实我们无处不在地与上帝相遇。“相遇”意味着我们能与上帝谋面，与这个真理的倡导者、仁爱的创造者和正义的追寻者面对面地进行沟通。

从某种意义上看，在宇宙带给我们的伟大启示中，我们能够学到的东西比斯宾诺莎曾经说过的还要多。我们的仁爱、同情与上帝相关联。它们居于此处。就像是万有引力定律之于自然界，它们是上帝赋予世界的构架基础。

人类不仅仅与神圣的价值准则相遇，而且我们本身就体现、呈现并传承它们，我们是价值的传播者，在它的光影下起舞。留待我们自己决定的重要问题是，我们要做神的什么样的使者。正是我们的生活方式决定了我们是否是上帝的合格使者，我们是在冷酷之中表现出对智慧而非神性的信仰了？还是在充满创造力的同情中成为上帝值得信赖的真正臣子？

我们确实无法真正地为上帝下定义，因为人类的知识总是有限的，我们的见识总是肤浅的，也许借助于比喻，我们才能解释真正的神性。但让许多人不理解的是，我们对宇宙的科学揭示同样是某种形式的比喻，正如宗教所描述的一样。人类认为，在他们将世界称作是一个大机器时，他们的用词很准确，这难道不是一个比喻、一个暗喻吗？

理智、目的、求生的意志、爱的需求、面对世界的渴望——所有这些都是通往现实的重要途径，就像是原子和电子一般。有时候，在我看来，我们之所以用习惯和粗俗，而非善良和良知的角度来看待自己，正是我们甘愿以一种低级的眼光来审视自己——好像我们人类不配作为神性之镜一般。

这或许正是在一些神学圈子中，总是流行精神上的自我贬低的原因之所在。但是，为什么我们必须通过将复杂化为简单来解释这个世界呢？这并没有逻辑上的合理性。为什么我们对原子倍加尊崇而对人心却置之不理？为什么我们不相信在内心深处，也存在着最高的、反映着宇宙之中最深沉的东西——我们的力量之源了？正是这力量让我们可以不断地去寻找完美和至善。

或许我们还未认识到上帝的本质，但是上帝规定了种种律条——即对社会、心智的普遍法则，以及道德上的约束力——这些我们都已经具有。就像是哈可因所坚持认为的那样，上帝为世人疗伤并非梦幻，而是不争的事实。我们和上帝的相遇既在心智的完善也在自然的普遍之中，既处于人性的目标之中，也处于原子运动的规律之中。

疯狂的男人，敏感的女人，他们对上帝只是抱有病态的尊重。从那些病态的迷乱中获得自由，这正是宗教偏见的肇端！一旦我们从人类的实例中懂得了正义与仁爱，我们就会得出结论，这是一个正义的世界，这种对世界的解释并非黑暗中尖厉的口哨。人类无需将仁爱与理性加入宇宙，因为他发现它们就在那里；他无需将这些特性投射到世界中，因为我们就在熟悉的日常生活中与它们相遇。

这种对上帝的理解并不是静态而是动态的。也就是说，我们在这个过程之中也正重新构建着上帝的理念，比以往多了一份成熟而少了一份脆弱。我们对上帝的新观念并非是说上帝改变了自己，而是说随着自己见解与经历的改变，我们自身也在发生改变。

现在我们可以听到很多这样的呼声：在与上帝相遇时，我们应该坚持更加成熟的心态。霍金教授在《科学与上帝的观念》一书中就有一段重要的论述：

“上帝并不是只顾着展示一己之见的主人，并不会因为人的目的而毁坏了他所建立的作为世界之基的自然秩序。所有经过深思熟虑的宗教意识，都不会像一些原初的论调那样从物质层面上看待上帝的经历——我们应当将上帝放在价值秩序之中，将他看作是一种客观的要素……上帝是寻求正义的宇宙之神……是人类理智生活的律条。”

对霍金教授而言，上帝就是价值的总体，而这反过来又赐予了人们价值和理智，上帝是人类在宇宙中的履迹，是生命本质的属性，是世界内核的自然显现。这正是对神性的一种崭新而成熟的解释。

在卡普兰教授的作品中，我们看到这位伟大的社会科学家对上帝有着成熟的认知，他对上帝的论述非常深刻。对他来说，对上帝的信仰从本质上而言是对生命内在的价值的信仰。我们应该认识得到，尽管人的救赎之路充满了艰难险阻，但这个世界之中却有足够的力量可以使我们得到救赎。卡普兰的信念以这样的诗句表现了出来：

上帝就是自然的生命，
上帝就是永恒，
它横跨于无底的空间，
穿梭于无尽的时光之流，
行动连接了这一切，
就像在思考中它们彼此相连。

上帝就是同一，
是天地星辰的根基，
正是我们这个星球小屋，
正是宇宙中显现的一切。

上帝是万物的统一，
万物依律而动，
依本性而相互作用。
上帝是那生命的秘密，

带着内在的冲动和目的，
让生命的物质也跟着燃烧。

上帝就是创造的火焰，
将无生命的物质，
提升到更高的存在王国。
用感觉之光照亮，
直到变成思想燃烧。

上帝就是信仰，
依靠它，我们战胜了，
孤独与无助，
失败和死亡的恐惧。

上帝就是希望，
就像是光明的利剑，
刺穿了黑暗的深渊，
祛除罪恶、失望与苦难。

上帝就是精神，
思索着人类激起的混乱，
打碎了恶的世界，
给生命注入，
朝向美丽新世界的开端。

我相信作为救赎，上帝在自然和人类天性的显现中，在天地人神的关系中，在数不清的情景之中显示自身。在那里，邪恶被清除，真善美获得胜利。上帝也存在于成长的痛苦，悲痛的萌生与消失，思辨的诱惑之中，存在于所有使人类与大地连成一片，朝着完美的神圣律法前行的过程之中。

美国人所要塑造的上帝观

要想形成新的上帝观，需要我们自己真正的成长与成熟。在这样一个时代中，当我们已经意识到必须要放弃那些旧有的、孤立的观念时，或许也正是我们要形成新的上帝观——一个与美国的生活和习俗相一致的上帝观——的时候。怀特海和卡普兰——这些我们时代中最伟大、最深邃的思想家——都认为应该将上帝看做是一种力量，这种力量要求我们人类相互协作，要求人类将自身看做是与上帝一道向着更美好世界迈进的合作者。

犹太教传统已经包含了这种思想，但只要人类社会还没有迎来自由平等，人们就不可能深切地感受到这一点。如果人们的日常生活只是告诉你，你是别人的奴隶，他们怎么能够充满感情地将自己看做是上帝的子民呢？

在此，我做一个预言，唯有在我们所处的世纪，唯有在我们这样的社会体验中，人类才会第一次感觉到作为上帝的独立伙伴的真正尊严。在今天这样一个科学普及、自由民主的社会诞生之前，人类历史就是一部充满无助感并祈求相互依赖的历史——人们在贫困和疾病，残暴与独裁的面前无能为力，只能任凭摆布。

比如，15世纪的意大利农民，他们世代在一块土地上耕种，在同一个教堂中受洗，在蒙昧与无知中与穷苦和疾病抗争，只是依赖封建主的所谓恩赐才能过活——这样的农民永远不会具有美国人才具有的上帝观。

我说过，我们要塑造与现实生活相一致的上帝观，这样的时代已经到来。美国不同于欧洲，欧洲特别强调对一些传统势力的尊奉和依赖。对这些力量，人们只有唯唯诺诺，俯首帖耳。然而在美国，就像人类学家米德所言，强调的是自立自助，是新的一代怎样才能做得比父辈更好，是要成就更为光辉的人生伟业。但其中却存在着一个很大的困扰，我们的宗教仍然延续着欧洲的旧传统。

在与上帝的关系中，我们仍然会觉得无助、贫乏和虚弱，仍然对人们的无助和上帝的万能再三强调，仍然要求我们放弃自身的力量，以增加上帝的荣光——如果说这种宗教还能让许多的欧洲人满意的话，那么它再也不能满足日渐自信的美国人了。

之所以说美国人的宗教观念淡薄，原因很可能的是我们仍然坚持和当代生活相脱节的上帝观。美国人很少感到无助与依赖，但这种无助和依赖正是某些欧洲人和东方人的特性。我们怀有崭新的社会梦想，美国人感到在对自然的征服中还没有达到自己的目的，美国文化很少具有对上天的惶恐感，它更多的是依靠个人的发挥。而在这个人的创造力超越神性的年代，要宣扬那些屈从于一切的上帝观，显得愈发困难。

我们必须勇敢地宣称，每个文明都会产生自己的新的上帝观，而不是死守已经不合时宜的传统。欧洲太过于强调依赖传统、现状和上帝，而美国必须强调相互独立和相互依赖。不是经由无助的感觉，而是经由自信的感觉与上帝沟通；不是在失败的痛苦中，而是在胜利的欢欣下去发现上帝；不是通过一种神秘的屈从，而是通过实际道德去实践，去寻找那种神性。

在现代心理学日趋成熟的年代，新的上帝观必须打破日常经验和神学教义之间在精神以及文化上的隔阂。过去，人们习惯于将上帝塑造成封建式帝王的形象。但在战后所建立起的民主社会中，封建帝王已经被彻底摧毁了，已经失去了其在历史中的位置。无论是基督教还是犹太教，只要它们愿意，都可以引导人们以一种全新的观念来看待上帝，不是屈从，而是合作；不是主奴的关系，而是伙伴的关系。

只要我们认识到，人类永远也不可能获得全知全能的神性，我们才能真正地在心智上成熟。从我们的心中迸射出的光芒，就像是夜幕之中萤火虫的闪光。它们闪烁的亮光让我们能够在层层黑幕中看到许多峻拔的山峰，在通往这山峰的路途上，人类留下了点点足迹。

第九章 宁静是心灵的永恒归宿

多元主义者认为，人并不是单一的自我，而是在许多的自我中穿行——一个幸福快乐的自我，一个悲伤、忧郁的自我，一个发怒的自我。

生命具有不可避免的多元性，这一见解并不意味着我们自己会变成毫无规则的一团乱麻。每个人都面临着将生命的各个要素编织成一个统一体的任务，但这种统一必须是各个不同的部分之间的统一，是许多存在分歧的要素之间的和谐。

我们必须重视柏拉图和亚里士多德等人在两千年前就通过对恐惧、愤怒、野心和恋爱等情绪的把握，总结出的建立美好生活的预言。成功的个人生活正是仰仗着这一生活准则的。

多元主义者认为，人并不是单一的自我，而是在许多的自我中穿行——一个幸福快乐的自我，一个悲伤忧虑的自我，一个发怒的自我。

一颗渴望有一个坚定信仰的心灵，面对世界的混乱和纷繁的竞争压力，一定会追问：“人应该去信仰什么？”对大多数人来说，这个问题非常深刻，而且提得非常直接，一般性的花言巧语根本无法解答。我们所要的并非是一个教条或者一些学说，而是能够在人生的战场上支撑起我们的信念，这信念让我们能够对现实有足够的把握。

这种东西可以称之为生命的核心理念，围绕着这种核心的生命理念，我们得以完善自我。我们所要寻找的东西对我们来说也是一种动力，以这种动力作为支撑，我们就可以展现自己个性的方方面面。

这种神圣的东西，能够帮助我们的灵魂、神经、心灵和肉体——就像是坚忍的合金一样聚合起一切可能的潜在力量。因此，如果我们能够将其他人所具有的宁静或荣光融入到自己生命的内核之中，那么一种长久的、超凡的、纯粹的安宁就极有可能成为我们未来生活的蓝图。

从两种角度去探求内心

如果宗教和心理学可以互相补充和促进，就可以产生极大的现实意义。一方面，我们看到，心理学给一部分宗教观念提供了科学上的清晰证明；另一方面，我们也看到，宗教帮助心理学揭示了人类自古以来就存在着的种种神秘。这样一来，宗教与心理学就会从两个不同的角度，来帮助陷入苦恼烦闷之中的现代人，去改善他们的生活与命运。

菲洛从柏拉图那儿获益匪浅，梅莫尼兹和阿里亚也从亚里士多德的观念中得到益处。而所有西方宗教都或多或少地从伽利略和牛顿的科学发展中得到了启示，同样也从赫胥黎和达尔文的学术研究中获得了帮助。起初，宗教和神学一起攻击科学家们是无情的破坏者，认为他们破坏了上帝的圣坛，而如今，人们终于看到了上帝在科学中的显现，并且看到了许许多多的科学家就像是虔诚的工匠一般，在真理的殿堂中勤勤恳恳地精雕细刻。

在探讨这个问题时，我们难免会涉及性情差异这一话题。有些人先入为主地认为，宗教应该被限定为和“神圣的智者”相遇的神秘经历；而另一些人则将上帝看做是拯救者，认为宗教必须深切地关注生命，关注负有道德义务与社会责任的人，关注他们的生命之本，否则便是肤浅，便是没有充分地挖掘出宗教的深意。

对他们而言，和上帝相处不仅意味着个体的超脱，而且还意味着它要求我们回到俗世中去，并全力以赴地使人世间变得神圣。这种神圣化必然要利用人类在漫漫探索征途中的全部发现——包括自然科学和社会科学上的所有知识、洞见，以及如今用于治疗世人精神方面疾病的心理学方法。

如此看来，由于具有治疗精神疾病的作用，心理学将在更大程度上排挤宗教在人类精神领域的势力范围。甚至有人担心，在这个人们向马克思，向弗洛伊德、向爱因斯坦寻求拯救之道的时代，宗教可能会行将就木。这种担心是可以理解的。

但如果更全面地来考察这一问题，我们便能够认识到，那些对此心存疑虑的宗教人士对心理学确实还存在着许多误解。例如，有人怀疑心理学将会使人类丧失所有的理想和道德价值，并将人们简化为只剩下幼稚的需要和浅薄的恐惧。但事实却相反，心理学的目的恰恰是消除诸如恐惧、疑虑和仇恨之中的优质浅薄的东西——而所有坚强的、成熟的和高贵的东西，所有这些我们用于构筑未来生活的基础，都会完完整整地留存下来。

从另一个角度解释，精神分析学的一些伟大先驱者也对宗教心存反感。弗洛伊德对宗教的否定态度，一方面是他超越一般科学家的天才特质的反映、另一方面也反映出他所处的时代受到了过分理性化的影响；此外，弗洛伊德的这种心态也与他早年在前沿理论的探索中所遭遇的宗教迫害不无关联。所以，在对待宗教的问题上，弗洛伊德和其后的一些追随者是比较偏激的，但这种偏激是只是和他们个人经历相关的偶然事件，这并不意味着他们关于人性的发现、他们对于人类心理体验的研究，对人的灵魂和宗教生活是没有帮助的。

实际上，到了后来，就连那些弗洛伊德的最忠实的追随者也不再同意他对宗教和形而上学的一些否定性结论。就像人们不能因为存在着一些宗教狂热分子去否定宗教一样，人们也不会因为有着一小撮打着心理学幌子进行欺骗的人，就否定了所有的心理学，这一事实我们应该看得很清楚。

我们说精神病理学是一门学科时，当然是指那些在这一领域已经被充分验证过的真理，是指在这一领域中最优秀的人物提供的见地、观念和学问，而不是指在这一领域中的谬误、极端的假设或一些没有实质理念的花言巧语。同样的，宗教也是如此，只有通过那些真正的圣徒们，通过那些业已被证明的精神和道德的实践，而不是通过其中悲剧性的错误，顽固不化和残忍，我们才能够真正体会到宗教的意义。

所以，那些认为精神病理学会取代宗教，或者是那些使精神病理学荒废的观点，是站不住脚的。虽然精神病理学的观念对人们有着普遍的意义，但它更加关注的却是那些有些失常的心理或者精神官能症患者，它的主要目的是要达到一定的治疗效果。但宗教的对象就不一样了，它面对的是各阶层的人们。它的主要目的就是要将一种相互间的爱带到大众人群中去，要给他们带去平和的心境，要使他们获得享受美好生活的勇气和力量。

正如科学家霍金教授所言，精神病理学旨在减少人们的痛苦和情感上的迷乱，它常常是要消除那些不恰当的负罪感和那些对自身有相当破坏力的自我否定感。但是，尽管有种种成就，当论及和神性相关联的人类永恒的焦虑感，以及宇宙的终结目标时，精神病理学却毫无用武之地。

教堂对人类社会有着独一无二的贡献，但这一事实并不意味着，它必然会去拒绝一个伟大的同盟者——心理诊所的辅助。它更应该与心理学联系起来，以提升每一个生命之魂的认识。

只有当灵魂被整治从而身心得以和谐之时，人们才会真正得到放松，才会真正地从病态之中解脱出来，得到更大的自由。

我们必须时刻地意识到心理学家作用范围的局限性。心理学能够帮助人们摆脱恐惧的阴影，但它绝不能够使人变成天使。当然也无法保证让人们幸福——而只是在某种程度上让他们减少一些不幸。心理学家们非常清楚，某种程度的不幸、愤恨和心灵冲突对深受局限的人类来说无法避免的。只要人的本性不变，人就必然会面临某种尴尬。

为了过上美好幸福的生活，人们应该相信自己，相信人类的本性，应该坦然地去认同自身的能力以及行为的适当表达，和感情合法性的认同——宗教都可以从当今系统的精神病理学家研究中得到很有启发意义的帮助，并且可以利用它对人们的影响，让芸芸众生懂得他们在生活与道德上的需求和责任，并掌握这些不同于以往的全新认知。

心理分析的乐观导向

西方宗教在大量的时间内用大量的精力将人类贬为无助的负罪者——一艘无法负载神圣物的污秽之舟时，精神病理学家却对这一观点有着不同的看法。对于人类能否生存下去，能否拥有一种灿烂的前景，很多心理学家都有着非常乐观的态度。这一差别着实让人感到惊讶。那么，为什么在宗教和心理分析学之间会产生如此大的差距呢？

心理分析学并非对人类的一切弱点都视而不见，甚至包括乱伦、谋杀等情绪，心理学都有着恰当的了解。但在切实分析了人类的种种丑行之后，精神病理学为什么能够成为人类性善论的积极倡导者呢？尤其是那些最有影响力的宗教学说都这么认为，人类已经完全陷入了自掘的黑暗隧道之中，而只有上帝的无限仁慈才能够拯救他们时，精神病理学家们是如何地坚守他们的观念呢？

前不久，我和我的朋友——一位非常出色的精神病理学家聊天，想听听她对于人类本性的看法。“我相信人类，”她信心十足地说，“我愈是去分析他们，愈是发现他们的本性是多么的优秀。”

这着实让我感到高兴。但我想将这一话题更深入地进行下去，所以就扮演起了性恶论者的角色。我问道：“但现在的疯人院中到处都是疯子，现在的贫民窟中犯罪率居高不下，现在的离婚协议书堆得比房子还高——就说说这些到处可见的例子吧——如果说人性本善，你又怎么去解释这些事情呢？”

她以一种我在教士或者医生那儿很少听到的柔和语气回答道：“生命中不愉快的事情制造出了如此多的噪音，竟使我们忘记了善良对我们的潜在影响。邪恶、放荡、野性极易繁衍和传播，而善良却宁静安谧、不可言传，但它就如万有引力一样，是稳固的，不可抗拒的而又安安静静的。仇恨的咆哮使我们丧失彼此间的信任，使我们很容易忘记献身、忠贞、同情这些人性的优点。但别忘了，正是这些善将人类之舟安全地送抵了下一个港湾。”

当时，她的两位出色的同事也都在场，并对她这番对人类充满希望的话语表示赞同。如果有机会听到这样的言论，我认为很多人都会从中体悟到一些道理，而不会仅仅强调存在于人性中那些消极的东西。

如果单单看某一消极的方面，现代人的确常常处于病态之中，这一点难以否认。这种病态使人们身心憔悴，内心充满了忧虑，感到异常的痛苦，甚至人们对能否从这种糟糕的状态中获得自救也变得全无信心。

假如人总是受困于对自身邪恶倾向的鄙视——总是受制于这样的宗教训导，他当然无法从中获得自救，这一点是肯定的。如果宗教要成为人类文明的真正宽慰者，它就必须吸收有益的新观念，以一种宽容的胸怀面对世人。

为了恰当好处地说明这一点，我再举一个例子。不妨将牧师们在犯人们面前毫无用处的冗长说教与弗里昂·瑞德博士充满智慧的心理治疗术做个对比。瑞德博士这位了不起的精神病理学家，曾将城市贫民窟中的一群玩世不恭的少年作为其治疗的对象，并获得了奇迹般的成功。这成功是怎样得来的呢？

他所做的，不过是教会每一个年轻人都坚持一个信念——他告诉他们：无论是作为个体还是作为社会的一分子，你们这些年轻人的本性都是善良的。对这些少年们的行为，瑞德博士当然不喜欢，但他仍旧不断地向他们传递一种积极的信号。比如，对一个屡次偷盗汽车轮胎的男孩，瑞德博士这样说：“我不喜欢你做的事情，吉米，不过，我们大家仍然很喜欢你。”

博士明白，吉米之所以偷盗汽车轮胎，其实是想去弥补某种内心的不安。而心理学家们要做的是，既要清除这种不安的原因，又要维护孩子的自尊心，这正是一些心理学专家的高明所在。

多重性格的复杂性

这也正是精神病理学家方法的核心所在，几乎没有哪个牧师不从这金子般的宝贵技巧中获得收益。在克劳纳·格林科和马吉·斯皮哥尔讨论有关人的著作中，也确信人的本性是正直和勇敢的，这对一些人起着同样的鼓舞和治疗的作用。

在这本名为《压力下的人们》的书中，一个观点得到了反复的证明——那就是，我们相信人类的本性是善良的，在治疗世人、提升士气方面是何等的重要。无论是在战争时期还是在和平年代，对人的善良勇敢的信念变成了使心灵不再受伤的盾牌。

“你必定是戴罪的罪人，你不值得去救赎。”这种西方宗教诸多流派都曾经再三强调的论调，在压力重重的现代生活中为何要重新提出呢？

多元主义者认为，人不是单一的自我，而是在许多的自我中穿梭——一个快乐的自我，一个悲伤的自我，一个发怒的自我。人就像是在高速公路上奔驰时相互冲撞的车子。著名的犹太教哲学家萨迪阿，在一千年前就指出了我们内心存在着许多分歧。在他的著名作品《信仰与意见之书》中的最后一章中，他讨论了何为美好生活的问题。

在开篇中，他就指出：多元化、多样化正符合自然的本性，而人也同样是由众多的器官和多样的天性组合起的。如果我们要过上美好的生活，就必须将自身的欲望和兴趣调整到一个恰当的平衡点，能够使诸多的因素和平相处，而不是任其相互倾轧。在幸福美好的生活中，必然会为爱、为食、为物质的保证、为智慧的获取留下足够的空间。他举了两个生动的例子来证明人类生活中需要多元化这一观点。

他说，一种单独的颜色，比如黄色和蓝色，眼睛看上去都是生涩的，心灵也会感到单调；只有混合起来的颜色，相互协调，才会造就亮丽的图画。一种单独的音调只会弹奏出一种音调，进入人的耳膜后也会变得尖锐刺耳。只有将不同的音调调和起来才能产生美妙的旋律。如果从视觉和声音上看，世界的多元是必须的。人类要想过上精彩多姿的生活，要想在天性和愿望中获得一种平和，这种多元主义是非常必要的。

这虽然是这些千年之前的训诫，但对今人仍有意义，他教会我们必须将自己看作是一个复杂多面的自我，而非单一的自我。每个人的心中都是既有山川也有峡谷，也有高峰也有低谷的，人性绝非是一马平川的。人类心灵的地形、地貌极其多变。在心灵的旷野中，既可能经过绿洲，又可能穿越沙漠。

在个性塑造的过程中，我们必定会面临诸多的情感体验，其中有积极的也有消极的。只要消极的情绪没有占据绝对的支配地位，我们就可以相信，正是这一切的叠加，才构成了富有创造力的生命。不同的情感和体验各司其职——恐惧与失望等负面情绪恰恰能够服从于勇敢、刚毅和仁爱等积极情绪。

在教导人们要接受内在生活的多元性和适宜的比例这一原则时，宗教旨在使人们避免过于极端。宗教告诫人们：人有时候会骄傲，有时候会自卑；有时候会依赖他人，有时候却又倍感孤独；有时候急于离开人群，有时却又想融入群体。

犹太教的牧师们认为，不受抑制的愤怒以及强烈的骄傲感，是每个人感情生活中所面临的最大危险。

“成为愤怒之奴的人，就是将自己尊贵的灵魂奇怪地置于罪恶之中。”他们还说，妄自尊大之人，就好似将自己看作受世人崇拜的偶像，他们已经丢弃了宗教最为根本的准则。

如今，这世上却有了一种合情合理的“自满”——人们已经开始勇敢地面对自己。依靠自己独立生活的每个人都可以骄傲地宣布，我是工人，我是匠人，我是创造者。

但是，这些斯多葛式的“自满”却是不合理的。斯多葛学派在许多情况下都是悲剧的表现者，它使人们羞于表达自己的情感，以及哪怕片刻间流露出来的弱点。它以一个伟大的伦理学体系开始，却以将许多人的生命变得扭曲与混乱而告终。

西方传统思想中的斯多葛主义旨在让人变得坚强，但更经常地却使人变得顽固。它的目标是使人性变得柔韧而少受命运风暴的折磨。但事实上，斯多葛主义常常使人变得孤立、狂傲，把他人看做是充满虚弱感和依赖性的负罪之人，使人远离友好的人际交往。

洞察真相的宗教应该去谴责这种斯多葛式的极端生活方式，因为它不可避免地将人的生活引向情感的荒芜之地。一个人如此傲慢地去生活，还要傲慢地断言："我总是能够自己解决自己的问题，我从不希冀他人的帮助。"

这样的人，是将"小我"当成了上帝，他对自己的能力推崇备至，他自以为是，总是将自己搞得头晕目眩——就像是瑞恩·利纳德所言："每当我看到一个人自以为是，就知道他的表现必然会十分的笨拙。"

当然，我们应该适当地在生活的某些领域中保持一定的独立性，这是千真万确的。在这个充满挑战，需要我们全力以赴的世界中，我们当然应该保持积极而非消极的态度。与此同时，我们却绝不能够因自足和独立性而陷入盲目的自我崇拜。在某些时候，我们应该依赖他人提供给我们的意见、勇气和慰藉，同时也应深深地意识到，在其他的关键时刻，他们也会反过来依赖于我们所馈赠的力量，这是非常正常和明智的。

我们无须过于骄傲，以至于不承认自己的虚弱，乃至从不承认自己从别人那儿获得了帮助。对平常人都会遭遇到的问题，所感到的恐惧进行压抑，只会让我们陷入冷淡或者病态。而只有在与我们同一个战壕的人们一起面对这些问题时，我们才会从狂傲的错误与自足的孤独中解脱出来。

心理学的最新发现尤其强调“人类的互助”。说白了，就是说人们需要与周围的群体相互交融。让人高兴的是，这一点正反映了弗洛伊德早期的观点。我们无法以斯多葛式的超然方式自立于只属于自身的双足之上，人类的本性虚弱且远未臻于成熟。

美国杰出的哲学家查理·莫里斯曾说过，适当的超脱和适当的融入都是人类所必需的。用“超脱”一词并不是说完全要人脱离社会生活，而是指能够获得一种智慧的观察视角，用斯宾若莎的话来说就是“从永恒的角度看待事物”。“超脱”使我们认识到，这个世界远比我们自身要大得多，也比我们自身重要得多；我们是浩瀚海洋中的一滴水珠，是天地间转瞬即逝的风霜雨露；我们不会永远存在，我们的价值只有仁慈的时间才能将其保留；我们既无法经历一切，也不能永恒存在。

处于一种超脱的状态，这种状态让我们拥有了一种自我反思的能力。它承认自身的脆弱，并谦卑地向这些缺点致意。“超脱”一词还包含着另一种意思：要敢于在更长远的时间，在永恒中看待生命个体；用想象的味觉事前品尝那些生活中与我们紧密相随的失败和悲痛的滋味，也正因为如此才能够从失败的苦酒中消除一些苦涩和痛苦。人们有预先体味胜利和失败的习惯。就让我们为获得内心更大的平和，将这一点发挥到极致吧！

不仅是在个人的生活中，在人类生命的旅程中，我们也应该依靠长期而非短期的价值评判标准去衡量生活的能力。

我们应该知道，文明是一株比想象中更为坚忍的大树。它的根系遍布大地，即使战争像蝗灾般袭来，掠去了全部的枝叶，但在其他气候，其他条件下它又能再次含苞吐蕾、开花结果。

历经风霜雪雨的人们有时会变得麻木冷漠，感受不到自己脚下不断萌生的新生命，看不到风雨之后的崭新明天。但是，生命永远不会随着人们的逝去而消亡。

我们死去了，人类却不会死去。我们世代更替，而文明却永远延续。唯有下定决心，去为不断传承的人类文明做出最大贡献，去为我们永远不会经历的时代而工作、而生活，我们才能真正地活着，有价值地活着。

这无非是一种成熟——一种真正意义上的心灵的成熟。

我们是历代那些殉道士、圣贤者和英雄们的后裔，正如他们曾为我们而生，为我们而死。而我们也将成为一个不可预见的、充满创造力的社会的奠定者。

呼吸英雄的空气

现代精神病理学的试验表明，一个人倘若没有理想，没有一个可以效仿的偶像去追随，那么人就无法获得真正的、内在的安全和满足。

是的，人类可以在匮乏的物质条件下生活，但只要他们能够向那些理想人物看齐，就能从中得到更多精神上的养料。战争期间在集中营中发生的事情就证明了这一点：一旦被囚者被禁止相互慰藉，被禁止遵从他们群体中的那些刚毅之士时，他们就很容易陷入萎靡不振的精神状态。

而另一方面，当他们的面前出现了一些可以称得上理想人格或者理想的生活模式时，即便他们被剥夺了物质上的一切，但他们也会变得令人难以置信的坚忍和勇敢。

读一下弗洛伊德的《战争与孩子》一书，就能看到那些战争中最年幼的受害者们，看到他们是如何在废墟和苦难之中，凭借着某种足以支撑他们的生活原则，保持住自己内心风度和抗争精神的。

金钱——它可以称得上是世界上最珍贵的东西吗？不，是理想！是那些英雄、殉道者、导师、领袖和那些事儿能够与他们人格比肩的志向！这种精神力量才是推动人类不断进步的不可或缺的因素。

没有睿智的、友好的或者同情的鼓励，人们就无法生活。我们都明白，没有对大人们的依赖，孩子就无法生活。但到如今还没有被充分认识到的是，人们的一生中都在不断地寻找能够依赖的人和深信不疑的人。我们渴望在圣徒和偶像的言行中找到更高的标准和节操，而这种渴望将永远存在下去。

当人类的灵魂不再为其生活中的理想人物所吸引时，他们的灵魂就像是罗盘失去了北斗星的指引一样，丧失了人生的方向感。无论是在文学作品中，还是在宗教领域中，这一理念都被人们理解和接受。

古希腊时代的英雄们和古希腊人的生活原则是一致的，就像雅阁教授在其经典之作《帕迪亚·希腊文明中的理想人物》中所说："面临人生窘境，最有力的引导来自于早年英雄们的生活经验，来自教育中经常提到的那些大人物的历史定位。"

普鲁塔克的兴趣主要集中在挖掘伟大的先驱们留给后人的教

育意义上，他的伟人传记已经激发了各个时代，各个文明中的人们，至今仍旧滋润着人类的心灵。自从荷马时代以来，那些逝去已久的大英雄们的光辉业绩正是古代教育的基础。

不仅希腊人关注英雄在民族性格形成过程中的作用，希伯来民族也是如此。犹太教总是不厌其烦地强调家族长老的德行，反复宣扬立法者摩西及其不朽的继承者们的道德禀赋。人们甚至可以说，犹太教的教育也正是依赖于将那些值得效仿的英雄们的壮举代代相传，生动地叙述给每一个人，才撒播到他们日渐成熟的心灵中的。同样，基督教也认识到了耶稣的精神品质对塑造圣徒们的理想所起到的砥砺作用。

宗教确定了一个根本原则——“对上帝的效仿”，但在人类生活中也有着一个从未停止过的相似过程，那就是“对人的模仿”。

或许，这种自我确认的过程直到今天才被充分地承认，因为只有到了今天我们才晓得，这不仅是一个显意识的过程，而且也是一个潜意识的过程。但不幸的是，在这么多渴望受到英雄影响的人当中，在向这些英雄和理想人物靠近之时，由于传统家庭教育的限制，人们往往遇到了很多阻力。

有很多人在不经意间就走上了忧郁的父亲或敏感的母亲的老路，他们不是充满忧虑、缺少安全感，就是生性羞涩、优柔寡断。在我们的生命历程中，我们总会不自觉地变成他人的模仿者。

无论我们受到谁的影响，父母还是兄长，或是其他人，宗教都应当鼓励人们摆脱情感上的羁绊，并且吸引他们自愿加入成熟者的队伍之中，和那些伟岸且不朽的人物为邻。

既然我们知道，人必须去效仿，那么我们的问题就只有一个，我们是要接受父母的行为方式——那常常是狭隘的、错误的、很不完满的行方式——的约束呢，还是去寻找那些更高层次的行为模式？面临这种选择，难道我们不应该去吸收那些英雄的生活方式中的精华吗？

我们每个人都有着英雄崇拜的本性，这种情感蕴含着一个严肃的真理。假如我们可以被周围强悍之人的人格影响，那么我们是否可以反过来影响别人呢？是的，无论好坏，我们确实能够做到这一点。我们一直是善良或邪恶的感染源，尽管我们自己对此浑然不觉。

我们是健康也是疾病——既可以是尊贵的、神圣的健康，也可以是仇恨的、浮躁的、感染性很强的疾病，周围的人都受我们的影响。只要生活在这个世界上，我们就在自觉或不自觉中影响着他人。

这的确是一个崭新的使命，也是一项极为严肃的任务，无疑使我们每个人都背上了道德的重负。我们的言行，连同我们的感情和脾性，都会渗透到人类的生活中。只要我们出现在世上，就会让别人以受益者或受害者的身份与我们发生接触。

今天的我们正构建着明天，下一代必将模仿我们，我们或者会受到他们的祈福，或者会受到他们的诅咒。

疏通堵塞灵魂的通道

深入地潜进人类灵魂的底层，我们会发现，受到心灵最深处那可怕的压力的挤压，情感的自流井每时每刻都在渴望着喷发。是精神病理学将这口深井打通，是它为人类找到了一眼养料齐全的喷泉——使用起来却必须慎之又慎的喷泉。

因为关于情感的问题涉及到一个可怕事实：除非那股情感之流是自由酣畅的，否则就会堵塞灵魂的通道。是的，这对我是如此，对你也是一样，因为没有那个灵魂不希望被自然的情感所浸润。

在现代心理学的帮助之下，宗教必须能够认识到，它们在对待情感的态度上已经步入上一条可怕的歧路。近代的自由主义宗教也沾染上了近几个世纪的习气——理性主义。如果将这看做是对正统教会过多地诉诸情感的一种反应，或许这一方法是可以理解的。

他们认为，那么多的传统信念都只是游弋于人类的情感之海，而控制人类命运的却是迷信或某种神秘教义。但是，为了反抗这种毫无原则的情感主义，他们又走到了另一个极端，用冰冷的、抽象的理性之柱搭建起了寒气逼人的人性大厦。

从某种意义上讲，近代宗教介于这二者之间，一面是很浮躁的情感，一面这是冷冰冰的、理性化了的信仰。

对情感的恐惧和排斥不仅仅是自由派宗教的特点，也是这一历史时期的主旋律。从17世纪以来，人们对情感不是充满了恐惧之感，就是满怀鄙夷之情，而对抽象的理性却像圣物一样顶礼膜拜。正如怀特海与芒福德一直强调的那样，在这一时期，情感和品质被贬低到了主观和偏见之中，而现实则应该由原子、分子、电子和数学公式来加以说明。

这种对人类情感的贬抑包含着可怕的错误，所以后来竟然很少有人看到我们的生命已经变得异常失衡。

每个人都在蔑视人性的理性学科的驱策之下，而蔑视人性的科学也对感觉和感情肆意地嘲弄轻视。只有客观、理性才是人类进步的标志，人们都开始羞于将主观情感引入到人类的理性王国。

难怪我们的生活变得越来越浅薄，人性变得越来越僵硬、迟钝、麻木不仁！还能有别的可能吗？当人类将纯粹理性变为神物顶礼膜拜之时，人就不再是一个完整的人了。结果就是，感情容易成为邪恶之人或残暴统治者们的劫掠品。

我们这个时代的大独裁者们都曾认清了这一事实：人类正由于食用了这些抽象的拙劣食品而在道德上和精神上变得营养不良。于是，他们手提以鲜血锻造成的武器，侵入了人类情感的领地。

他们认识到，在抽象死板的物理学规则中，人类的精神已经变得饥不择食。人们不再被看做是具有创造性的、有诸多官能的、能经受住负面情感的人，而是变成了冷冰冰的机器。

这个真理应该是很明显的了：假如人类情感没有合理的疏散通道，如果道德宗教都满足不了人们的感情需求，诸如种族灭绝主义等不道德情感便会将其狂想宣布为唯一的真理。

在弗洛伊德以前，人类将情感看做是自身天性中非常原始和幼稚的一个方面，这已经是最公允的看法了。但自弗洛伊德之后，情感就成了人类生活中的重要组成部分，成了理性之母，成了艺术、科学和宗教之源，这已经成为常识了。

人们或许可以在口头上逃避感情，但绝不可能在行为上也逃脱感情。正是精神的力量让文化的每一个方面，使文明的每一次创新都生机盎然。情感并不是让人类羞涩的东西，更不是什么辅助性的、次要的东西，而是人类生活中非常合理的存在，是人性中最尊贵和最成熟的部分。

当然，情感不能任由其随便发泄。它必须被规范起来，必须加以引导，但再也不能将其看做是生命这座庙宇中卑微的奴隶了。无论我们是否能够认清，情感都贵为生命的国君。虽然你常常意识不到，但它仍旧是一国之主宰。自由派宗教该深刻地认识到这一条真理了，只有将这人性的生机系于理性之上，一个崭新的、自由的幸福时代才会降临。

犹太教的早期，牧师们就已发现了情感在以色列人集体生活中的作用。犹太教的创建者运用情感来稀释人们的躁动、愤怒和迷幻。让我们来欣赏一下犹太教的重大节日的隆重场面吧！元旦和赎罪日是一个倾诉罪孽的日子，部族中的所有参与者都要带着平和的心以求净化。没有谁强迫人们说出他们的缺点、不足和罪孽。帐棚节是一个庆祝丰收的喜庆节日，人们载歌载舞，成群狂欢，以表达对天地的遵从。

还有一些节日可以让人们发泄那些带有征伐欲望的情感，让他们的愤怒和仇恨得以化解。正是通过这种语言上的发泄，他们再次重归内心的平和。

逾越节是用来纪念摩西时代，表达人们对自由的无限向往而设立的。安息日这样的节日则是用以表示接纳“律令”。在犹太人的日历中，用倾诉情感的方式来获得内心宁静的节日安排是如此明智，足见其充满了古老民族的智慧，这样的节日安排如今被精神病理学家称之为情感的宣泄与升华。

在默默地祈祷中，在欢快的歌舞中，在家庭的聚会和宗教的典礼上，犹太人一起倾诉着他们内心的渴望与情感，共同寻找到了心理上的健康。由于这种充满智慧的调节情感的办法，他们也一起得到了内心的平静，并成功抵制住了外界的诱惑。

在黑暗的年代中，犹太教的圣日和各种节日成为将犹太人从困境和屈辱中解救出来的良药。东欧的哈希德教派和中东的巴勒斯坦人也都以各自的方式来宣泄情感，这不仅使他们能够倾诉自己的悲惨遭遇，也给他们提供了对上帝和生命表达敬仰之情的机会。

然而，由于受到偶像崇拜的理性主义的迷惑，现代犹太教在很大程度上也经常忽略当代人的感情生活，使得情感的土壤日益贫瘠。

心灵重归宁静的重要法则

一直以来，我们都在追求内心的平和，渴望我们的心灵能够重归宁静，在此过程的终点，我们会惊奇地发现，宗教与心理学竟然殊途同归。

两种不同的体系均强调宽容和平和，既强调我们自己内心的平和，也强调我们与他人关系的平和。人类结成兄弟间的情谊，各个民族普遍地融合——这一数千年前以色列的先知们就曾教育过我们的道理——也正是现代心理学家们的目标所在。宗教宣称上帝要统合人世间的一切，而心理学则从人类自身中挖掘出统一与和谐，二者是可以进行比照的。

数千年之前，犹太教就对今天个人与社会社会置身的黑暗境地有所觉察，这个如先知般敏锐的宗教确实能够对未来有所洞见。而精神病理学家进一步加强了宗教对未来的这种自觉式智慧，因为心理学坚持认为人类只有对未来充满希望——在这破碎的现实中还蕴含着未来发展的种子——人类就可能存续下去。

先知般的宗教强调信仰在获取个人幸福与内心平静中的重要性。这种信仰是对人类大同观念的认同，是对依照现实而非遵从快乐原则生活的信念，是对与人类为伴与人类连成一体的信念，而这一切都有别于宗教的信念。

人类的生命其实要比那些看上去晦暗、惨淡的表面现象要丰富得多。将生活的表现当作是生活的全部，这种看法是何等的荒谬与无知！

虽然我们从来看不见所谓的潜意识，但它确实一直在其中起着作用。同样的道理，尽管我们从未看见过上帝的样子，但上帝的感召力却在我们当中起着巨大的作用，并且从根本上支撑着我们。二者都是看不见、摸不着的，但它们都是隶属于这个茫茫宇宙中最为真实的东西——之所以说真实，可以由它们对我们整个生活的影响所留下的踪迹中得到证实。

关于人性和宇宙的言论不仅仅是乌托邦式的臆想，也是关于人类真实本性的最好说明。宗教来到人间，带着丰润的希望——这是一个基于真理、兄弟般的友爱、理想主义、英雄主义、仁爱和宽容的坚定原则之上的世界。而心理学正是以一种非常独特的风格——以一种科学的、严谨的公式，而非圣歌和祈祷者的语言——去加强和证实这些宗教信仰。

宗教必须勇于承认自己的错误，而在承认错误之后，要凭借其强大的影响力和感召力，为创造一个生活更幸福、心灵更自由的人类社会而努力。

同样，宗教还必须放下身段，借着精神病理学提供的工具，去敲击人性的神秘之门——为什么人类拥有如此巨大的力量，却仍然离幸福平和如此的遥远。

这一秘密借助着当今心理学的新发现就可以部分地得到解释。如果他被一种不切实际的欲望驱使而倍感痛苦，如果他从不明白自爱的艺术，而是受困于一种强制的、贪欲的、永不知足的野心之中，如果他的内心一直被阴暗的恐怖气氛所笼罩，而不能坦然地面对痛苦，不懂得如何去超越痛苦，不愿意负担起人之所以为人的使命——这样的人又如何能为自己创造更加美好的生活，又怎么能营造出和谐的人际关系呢？

这样人的又如何会懂得保持人世间应有的平和，并保持心灵的宁静呢？

正是借助于心理学，我们才进一步理解了情感的抑制和混乱是多么可怕，目前的知识已经足以解放如今备受各种困扰煎熬的人们，让我们努力从自身做起，让我们将这些新道德的训导铭刻在心头吧！

不要对任何来自心灵的冲动感到恐惧。

要超越内心的焦灼，要认识到自己所具有的能力和勇气。

直面痛苦，毫不妥协。不要否认内心中的悲痛，也不要为之徘徊不前，而要学会超越痛苦。对除自己之外的其他人施以援手会帮助你战胜痛苦。

永远尊重真理，尊重事实的真相，对他人要宽厚、仁慈。通过追求真理，你会得到自我拯救。

反观自己的内心，搜寻那些幼稚性格的蛛丝马迹，切莫害怕成熟与自由。不要懒散怠惰，不要迷信权威，不要屈从于那些社会中所谓的万能领袖。作为人类中的光荣一员，要永远地和人类群体站在一起。

致谢

这本书是根据我在犹太教研究所的一系列讲座的稿件编写而成的。在此我要感谢该研究所的所长、尊敬的斯蒂夫·瓦伊斯博士，是他的热情邀约让我有机会表达对宗教、哲学、心理学及一些人生问题的看法。在此我也要对其他的一些朋友表示诚挚的感谢，是他们的帮助才使这本书的出版成为可能。

我要感谢我的好朋友，纽约的南森·卡瑞斯博士。他不仅是一位学识渊博、思想深邃的学者，也是一位优秀的犹太教士，长期以来，我从他对我的激励获益颇多。我要特别感谢我的好朋友，芝加哥的格瑞克博士，是他第一次让我对是心理学有了更深入的了解。同样要感谢比黄金还珍贵的朋友，芝加哥的戈德曼博士，与他的交流每每发人深省；我还要向杰出的神学家、纽约神学论坛的发起人卡普兰教授表达我的敬意，他仔细地审阅了本书的手稿，并提出了许多可贵的意见。

我要致以谢意的朋友还包括：希伯来联合学院的弗罗布朗教授及其夫人，感谢他们直言不讳地评判和富有创造性的帮助；杰出的心理学家伊德·布格伯和格兰特·布格伯阅读了本书的文摘，并提出了很多宝贵的建议；优秀的小说家、编辑、散文家罗宾根在本书的编辑过程中给予我很重要的建议与指导。我还要特别感谢哈佛大学的林德曼博士，他是一个伟大的心理学家，一个充满智慧的朋友，在这本书的整个编纂过程中一直在鼓励我。

我还要向我的秘书——埃利德·雅克逊和贝西·伯曼表示诚挚的感谢，他们在书稿的写作过程中给我提供了很大的帮助。

当然，给予我最大帮助的还有我亲爱的妻子，也是我最亲密的合作伙伴——芬。

译者后记

你是否经常感到身心疲惫？

你是否觉得生活中有着难以承受的压力？

你是否常常处于一种亚健康的状态？

你是否对过去的事情无法释怀？

你是否无法化解心底的怨恨？

相信大多数读者会对上述问题中的一个或几个持有或多或少的肯定答案，如果你在每一个问题的回答中都能发出自信的“否”字，那么我很庆幸地告诉你，你的人生将是幸福的。因为你的心灵是宁静的，在你的内心中始终蕴含着一种强大的精神寄托，这种寄托将为你带去无限的力量，足以充当你建造未来人生大厦的支柱。

宁静，是一种无形的力量，也是生命的升华，是一次精神上的飞跃，也是一架通往人生最高境界的天梯。

当然，这种宁静并不是那些伟人智者才有的专利品，对所有胸怀人生理想，并期待着用满腔热情去实现它的人们来说，都应该具备这种品质。

当你遭遇挫折并对前途心灰意冷时，需要用宁静的心去对待，这样，你才能重新振作起来，乐观地迎接未来的挑战；当你斗志昂扬，深信成功就在不远之处之时，也需要用冷静的心态去对待，这样才能不骄不躁，赢得最终的胜利。

“不管风吹浪打，胜似闲庭信步。”宁静的心灵会在狂风暴雨的激烈气氛中给我们留得一份清醒和自在；在寒冷的午夜温暖我们那冰冷的手心；在炎炎的烈日中，为我们撑起一把遮阳伞；在深深的沉寂里，展开勇敢的翅膀，追求真正的自我。宁静的心灵是我们精神上的至高财富，只有心灵安宁的人，才是真正的勇者。

本书的作者约书亚·罗斯·李普曼，是上世纪初美国一位家喻户晓的犹太牧师，有着多年传道经验的他，对人们的心理世界有着深刻地领悟。他认为，保持内心的安宁是人类的永恒追求，也是一个人的幸福所在。

在书中，作者花了大量的篇幅告诉我们如何对待现实生活中碰到的各种难题，以及如何去正确地解决内心的矛盾与冲突，以达到心灵上的宁静。作者用自己的宗教知识结合现代心理学的丰硕成果，探寻了诸多心理疾病和不良情绪的根源，并得出了一条振奋人心的启示：即任何人都具有使自己变得更好的能力，任何人都蕴藏着无限的潜力。

我希望李普曼的这本书可以引领你到达某一个静止点。如果你是一个渴望心灵宁静的人，一个正在追求心灵宁静的人，一个因缺乏归属感而产生心理障碍的人，那么，请翻开本书吧。

阮崇晓

2009年11月